"十三五"国家重点图书出版规划项目

材料科学研究与工程技术/预拌混凝土系列

《预拌混凝土系列》总主编 张巨松

混凝土原材料

CONCRETE RAW MATERIALS

张巨松 许 峰 佟 钰 主编

U0318858

哈爾濱工業大學出版社

HARBIN INSTITUTE OF TECHNOLOGY PRESS

内容简介

本书系统地介绍水泥及水、骨料、化学外加剂、矿物掺合材料及矿物外加剂、混凝土用纤维各种原材料的来源、特性与应用,并着重介绍近些年来在混凝土中发挥巨大作用的双掺原料,即化学外加剂、矿物掺合材料及矿物外加剂。附录中列举了与混凝土原材料相关的标准规范。

本书适合作为混凝土从业者的入门指导书,也可用作无机非金属材料工程专业本、专科学生的教学参考书。

图书在版编目(CIP)数据

混凝土原材料 / 张巨松,许峰,佟钰主编. —哈尔滨:哈尔滨工业大学出版社,2019.1

ISBN 978－7－5603－7252－5

Ⅰ.①混… Ⅱ.①张…②许…③佟… Ⅲ.①混凝土－原材料－高等学校－教材 Ⅳ.①TU528.04

中国版本图书馆 CIP 数据核字(2018)第 023627 号

材料科学与工程
图书工作室

策划编辑	许雅莹 杨 桦 张秀华
责任编辑	张 瑞
责任编辑	卞秉利
出版发行	哈尔滨工业大学出版社
社 址	哈尔滨市南岗区复华四道街 10 号 邮编 150006
传 真	0451 - 86414749
网 址	http://hitpress. hit. edu. cn
印 刷	哈尔滨市石桥印务有限公司
开 本	660mm×980mm 1/16 印张 8.5 字数 148 千字
版 次	2019 年 1 月第 1 版 2019 年 1 月第 1 次印刷
书 号	ISBN 978－7－5603－7252－5
定 价	38.00 元

(如因印装质量问题影响阅读,我社负责调换)

丛书序

混凝土从近代水泥的第一个专利(1824年)算起,发展到今天已经近两个世纪了,关于混凝土的发展历史专家们有着相近的看法。吴中伟院士在其所著的《膨胀混凝土》一书中总结:水泥混凝土科学历史上曾有过3次大突破:

(1)19世纪中叶至20世纪初,钢筋和预应力钢筋混凝土的诞生。

(2)膨胀和自应力水泥混凝土的诞生。

(3)外加剂的广泛应用。

黄大能教授在其著作中提出,水泥混凝土科学历史上曾有过3次大突破:

(1)19世纪中叶,法国首先出现钢筋混凝土。

(2)1928年,法国E.Freyssinet提出了混凝土收缩徐变理论,采用了高强钢丝,发明了预应力锚具,成为预应力混凝土的鼻祖、奠基人。

(3)20世纪60年代以来,外加剂新技术层出不穷。

材料科学在水泥混凝土科学中的表现可以理解为:

(1)金属材料、无机非金属材料、高分子材料分别出现。

(2)19世纪中叶至20世纪初无机非金属材料和金属材料的复合。

(3)20世纪中叶金属材料、无机非金属材料和高分子材料的复合。

由此可见,人造三大材料即金属材料、无机非金属材料和高分子材料在水泥基材料中,于20世纪60年代完美复合。

1907年,德国人最先取得混凝土输送泵的专利权;1927年,德国的Fritz Hell设计制造了第一台得到成功应用的混凝土输送泵;荷兰人J. C. Kooyman在前人的基础上进行改进,于1932年成功地设计并制造出采用卧式缸的Kooyman混凝土输送泵;到20世纪50年代中叶,西德的Torkret公司首先设计出用水作为工作介质的混凝土输送泵,标志着混凝土输送泵的发展进入了一个新的阶段;1959年西德的Schwing公司生产出第一台全液压混

1

凝土输送泵,混凝土输送泵的不断发展也标志着泵送混凝土的快速发展。

1935 年,美国的 E. W. Scripture 首先研制成功了以木质素磺酸盐为主要成分的减水剂(商品名"Pozzolith"),于 1937 年获得专利,标志着普通减水剂的诞生;1954 年,制定了第一批混凝土外加剂检验标准;1962 年,日本花王石碱公司服部健一等人研制成功 β-萘磺酸甲醛缩合物钠盐(商品名"麦蒂"),即萘系高效减水剂;1964 年,联邦德国的 Aignesberger 等人研制成功三聚氰胺减水剂(商品名"Melment"),即树脂系高效减水剂,标志着高效减水剂的诞生。

20 世纪 60 年代,混凝土外加剂技术与混凝土泵技术结合诞生了混凝土的新时代——预拌混凝土。经过半个世纪的发展,预拌混凝土已基本成熟,为此,我们组织编写了《预拌混凝土系列》丛书,希望系统总结预拌混凝土的发展成果,为行业后来者的迅速成长铺路搭桥。

本系列丛书内容宽泛,加之作者水平有限,不当之处敬请读者指正!

总主编　张巨松
2017 年 12 月

前　言

材料科学发展到今天,公认的一个基本规律是:组成、结构和工艺决定着材料的性能。混凝土材料的发展毫无疑问地符合上述基本规律,但与金属、陶瓷和高分子材料相比,混凝土材料由于其组成庞杂,因此有其自身的很多特点,通过工艺手段改变混凝土结构的效果相对较差,主要手段就是通过改变组成,从而改变混凝土结构,最终达到改性的目的,可见混凝土的原材料对混凝土的结构及性能起着决定性的作用。

基于上述的认识,本书系统地介绍水泥及水、骨料、化学外加剂、矿物掺合材料及矿物外加剂、混凝土用纤维各种原材料的来源、特性与应用,着重介绍近些年来在混凝土中发挥巨大作用的双掺原料,即化学外加剂、矿物掺合材料及矿物外加剂。附录中列举了与混凝土原材料相关的标准规范。

本书编写人员及分工如下:沈阳建筑大学张巨松编写绪论,第1、2、5章,附录;沈阳建筑大学许峰编写第3章;沈阳建筑大学佟钰编写第4章。全书由张巨松统稿。

由于时间仓促,加之编写人员缺乏经验以及水平所限,书中难免有疏漏和不妥之处,恳请读者及同行专家给予指正并提出宝贵意见。

作　者

2018 年 12 月

目　　录

绪 论

自 1824 年波特兰水泥问世以来的近两百年时间里,水泥混凝土的生产技术和研究水平迅速发展。20 世纪初由于坍落度筒的应用和水灰比定则的提出,混凝土逐渐由工厂生产小型制品发展到施工现场生产更大的构筑物,尤其是 20 世纪 60 年代泵送混凝土的推广与普及,使混凝土的用量急速增加,应用范围日益扩大。至此,混凝土已成为世界上用量最大的人造材料之一。

目前,人类对一般水泥混凝土宏观堆聚结构的基本认识为:混凝土可以看作由水泥石、骨料和界面过渡区三部分构成的宏观堆聚结构复合材料。粗骨料在混凝土中杂乱、随机取向分布,并构成了混凝土的骨架结构,细骨料填充于粗骨料骨架的空隙中,水泥颗粒再进一步填充于粗、细骨料堆聚体的空隙中,随着矿物外加剂的应用,超细矿物外加剂又进一步填充了水泥颗粒的间隙,进一步增加了水泥石的密度,并通过界面过渡区将骨料黏结在一起,从而构成宏观上的混凝土块体。

上述这种结构能够稳定存在的最核心组分当然是水泥,水泥将粗骨料、细骨料、矿物外加剂超细粉牢牢地黏结在一起,形成了具有非凡的工作性、强度和耐久性的混凝土。水泥在当代超高强混凝土中除上述"胶"的功能外,同时也起到一级骨料的功能。当然,水泥离开了水是无法形成"胶"的,严格地讲上述除骨料外水泥的所有功能都是和水共同完成的,水的质和量对水泥混凝土的性能同样是十分重要的。

顾名思义,"骨料"在混凝土中起到骨架的重要作用,从技术角度上看,惰性、高强骨料的存在使混凝土比单纯的水泥石具有更高的体积稳定性和更好的耐久性,当然良好的骨料级配可获得好的混凝土拌合物的工作性;从经济角度上看,骨料比水泥便宜得多,作为水泥石的廉价填充材料,使混凝土获得了经济上的优势。

外加剂对混凝土的作用是十分巨大的,正如著名混凝土专家黄蕴元教授所说:"小小的外加剂改变了混凝土的整个世界,最具代表性的是减水剂,它很好地解决了工作性与强度的矛盾,因此全世界公认减水剂是混凝土的第五组分,也成为当代混凝土双掺技术之一。"

掺合料对混凝土的巨大作用应该是排在外加剂之后,作为细骨料的替代物其作用发挥较早,其更大的作用是改变混凝土的性能,这种作用是在高效减水剂发挥作用后才能发挥,为此,其也成为当代混凝土双掺技术之一,被公认为混凝土的第六组分。

混凝土几乎与生俱来的缺点之一是脆性,为克服该问题,纤维早已成为混凝土在某些条件下的重要组分。

本书根据混凝土材料科学的最新研究进展,系统分析讨论了混凝土六大原材料及纤维的来源、特性与应用。

第1章　水泥及水

水泥（Cement）：一种细磨材料，与水混合形成塑性浆体后，既能在空气中凝结硬化也能在水中凝结硬化，并保持强度和尺寸稳定性的无机水硬性胶凝材料。水泥是混凝土的最重要组成材料之一，也是决定混凝土性能的最重要部分。

水泥的种类很多，按《水泥的命名原则和术语》（GB/T 4131）规定，水泥根据用途和性能可分为通用水泥和特种水泥。通用水泥是指一般土木建筑工程通常采用的水泥，包括硅酸盐水泥、普通硅酸盐水泥、矿渣硅酸盐水泥、火山灰质硅酸盐水泥、粉煤灰硅酸盐水泥、复合硅酸盐水泥六大硅酸盐系水泥。特种水泥是指具有特殊性能或用途的水泥，主要用于特殊或专门的建筑工程，例如，快硬硅酸盐水泥、中热/低热硅酸盐水泥、抗硫酸盐硅酸盐水泥、白色/彩色硅酸盐水泥、膨胀硫铝酸盐水泥、自应力铝酸盐水泥、油井水泥、砌筑水泥、道路水泥等。水泥也可按其组成分为硅酸盐水泥、铝酸盐水泥、硫铝酸盐水泥、氟铝酸盐水泥、铁铝酸盐水泥等类型。不同品种的水泥具有不同的特性，在选用时应予以注意。

1.1　水泥的生产和组成

硅酸盐水泥是硅酸盐系列水泥品种中最重要的一种，由水泥熟料和适量石膏共同粉磨制成，其生产工艺流程如图 1.1 所示。

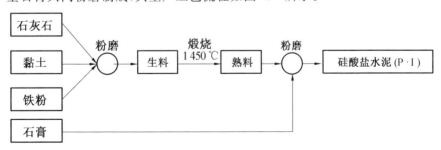

图 1.1　硅酸盐水泥生产工艺流程

1.1.1 硅酸盐水泥熟料

1. 硅酸盐水泥熟料的生产

硅酸盐水泥熟料的生产是以适当比例的石灰质原料(如石灰岩)、黏土质原料(如黏土、黏土质页岩)和少量校正原料(如铁矿粉)共同磨制成生料,将生料送入水泥窑(立窑或回转窑)中进行高温煅烧(约 1 450 ℃),生料经烧结成为熟料。硅酸盐水泥熟料化学成分及各成分的质量分数见表1.1。

表 1.1 硅酸盐水泥熟料化学成分及各成分的质量分数

成分	SiO_2	Al_2O_3	Fe_2O_3	CaO	MgO
质量分数/%	20~24	4~7	2.5~6.5	62~68	<5

2. 硅酸盐水泥熟料的矿物组成及特性

硅酸盐水泥熟料主要矿物成分是:硅酸三钙($3CaO \cdot SiO_2$,简式 C_3S)、硅酸二钙($2CaO \cdot SiO_2$,简式 C_2S)、铝酸三钙($3CaO \cdot Al_2O_3$,简式 C_3A)、铁铝酸四钙($4CaO \cdot Al_2O_3 \cdot Fe_2O_3$,简式 C_4AF)。硅酸盐水泥熟料矿物的特性见表1.2。

表 1.2 硅酸盐水泥熟料矿物的特性

矿物成分	质量分数/%	密度/$(g \cdot cm^{-3})$	水化反应速率	水化放热量	强度
C_3S	37~60	3.25	快	大	高
C_2S	15~37	3.28	慢	小	早期低,后期高
C_3A	7~15	3.04	最快	最大	低
C_4AF	10~18	3.77	快	中	低

硅酸盐水泥熟料是由上述各矿物组成的,由于各矿物特性不同,因此可通过调整配料比例和生产工艺,改变熟料矿物所占比例,制得性能不同的水泥。如提高 C_3S 质量分数,可制成高强水泥;提高 C_3S 和 C_3A 质量分数,可制得快硬水泥;降低 C_3A 和 C_3S 质量分数,提高 C_2S 质量分数,可制得中、低热水泥;提高 C_4AF 质量分数,降低 C_3A 质量分数,可制得道路水泥。上述通过较大幅度调整矿物成分比例所得的水泥属硅酸盐类特性水泥或专用水泥品种。

1.1.2　石膏缓凝剂

为调节水泥的凝结时间,在水泥生产过程中,将适量石膏与熟料共同粉磨。石膏的加入可以使水泥凝结速度减缓,使之便于施工操作。作为缓凝剂的石膏采用天然二水石膏、半水石膏、硬石膏或工业副产品石膏(磷石膏、盐石膏)。石膏掺加量一般为水泥质量的 3%～5%。

1.1.3　水泥混合材料

在硅酸盐类水泥中除硅酸盐水泥不掺任何混合材料外,其他几种水泥都掺入一定量的混合材料。混合材料按其性能和作用分为活性混合材料和非活性混合材料两大类。

1. 活性混合材料

具有火山灰性或潜在水硬性的矿物材料称为活性混合材料。火山灰性是指磨成细粉与消石灰和水拌和后,在湿空气中能够凝结硬化,并在水中继续硬化的性能;潜在水硬性是指磨成细粉与石膏粉和水拌和后,在湿空气中能够凝结硬化,并在水中继续硬化的性能。活性混合材料一般含有活性氧化硅、活性氧化铝等。常用的活性混合材料多为工业废渣或天然矿物材料,如粒化高炉矿渣、火山灰质混合材料、粉煤灰等。

(1)粒化高炉矿渣。高炉冶炼生铁时,浮在铁水表面的熔融物经急冷处理后得到的疏松颗粒状材料称为粒化高炉矿渣。如采用水淬急冷处理时,所得粒化高炉矿渣常称为水淬矿渣。粒化高炉矿渣的主要成分是 Al_2O_3、CaO、SiO_2,质量分数可达 90% 以上。由于经急冷处理,粒化高炉矿渣呈玻璃体,储有大量化学潜能。玻璃体结构中的活性 SiO_2 和活性 Al_2O_3,在 $Ca(OH)_2$ 的作用下,能与水生成新的水化产物(水化硅酸钙、水化铝酸钙)而产生胶凝作用。作为水泥的活性混合材料就是利用这种胶凝作用,使炼铁厂的废渣变成有用的材料。用作活性混合材料的粒化高炉矿渣和矿渣粉应符合国家标准《用于水泥中的粒化高炉矿渣》(GB/T 203)和《用于水泥和混凝土中的粒化高炉矿渣粉》(GB/T 18046)的有关规定。

(2)火山灰质混合材料。火山灰质混合材料的品种很多,天然矿物材料有:火山灰、凝灰岩、浮石、沸石、硅藻土等;工业废渣和人工制造的矿物材料有:自燃煤矸石、煅烧煤矸石、煤渣、烧页岩、烧黏土、硅灰等。此类材料的活性成分也是活性 SiO_2 和活性 Al_2O_3。国家标准《用于水泥中的火山灰质混合材料》(GB/T 2847)规定,掺 30% 火山灰质混合材料的水泥胶砂 28 d 抗压强度与硅酸盐水泥胶砂 28 d 抗压强度之比不得小于 0.65,作为判断火山灰质混合材料火山灰性的主要依据。

(3)粉煤灰。由煤粉燃烧炉烟道气体中收集的粉末称为粉煤灰。粉煤灰的主要成分是 Al_2O_3、SiO_2 和少量 CaO,具有火山灰性。粉煤灰中含碳量越低,细小球形玻璃体越多,$45~\mu m$ 以下细小颗粒越多则活性越高。粉煤灰化学成分与火山灰相近,与天然火山灰相比具有结构致密、比表面积小的特点,具体要求参见《用于水泥和混凝土中的粉煤灰》(GB/T 1596)。

此外还有一些活性混合材料,应符合国家标准《用于水泥和混凝土中的钢渣粉》(GB/T 20491)、《用于水泥和混凝土中的粒化电炉磷渣粉》(GB/T 26751)、《用于水泥和混凝土中的硅锰渣粉》(YB/T 4229)、《用于水泥和混凝土中的锂渣粉》(YB/T 4230)等的有关规定。

2. 非活性混合材料

掺入水泥中主要起填充作用而又不损害水泥性能的矿物材料称为非活性混合材料,又称惰性混合材料、填充性混合材料。常用的有:石灰石、石英岩、黏土、慢冷矿渣以及不符合质量要求的活性混合材料,具体要求参见《用于水泥和混凝土中的铁尾矿粉》(YB/T 4561)等。

1.2 水泥的水化和凝结硬化

水泥加水拌和后成为可塑性水泥浆,水泥颗粒表面的矿物开始在水中溶解并与水发生水化反应,随着水化反应的进行,水泥浆体逐渐变稠失去可塑性,这一过程称为水泥的凝结。随着水泥水化的进一步进行,凝结了的水泥浆开始产生强度并逐渐发展成为坚硬的水泥石,这一过程称为硬化。水泥浆的凝结、硬化是水泥水化的外在反映,它是一个连续的、复杂的物理化学变化过程。

1.2.1 熟料矿物的水化反应

硅酸盐水泥熟料粉末与水接触,熟料矿物随即开始与水反应,生成水化产物并放出热量。其反应式如下:

$$3CaO \cdot SiO_2 + nH_2O = xCaO \cdot SiO_2 \cdot yH_2O + (3-x)Ca(OH)_2$$

硅酸三钙 　　　　　　水化硅酸钙 　　　　氢氧化钙

$$2CaO \cdot SiO_2 + mH_2O = xCaO \cdot SiO_2 \cdot yH_2O + (2-x)Ca(OH)_2$$

硅酸二钙 　　　　　　水化硅酸钙 　　　　氢氧化钙

$$3CaO \cdot Al_2O_3 + 6H_2O \longrightarrow 3CaO \cdot Al_2O_3 \cdot 6H_2O$$

铝酸三钙 　　　　　　水化铝酸三钙

$$4CaO \cdot Al_2O_3 \cdot Fe_2O_3 + 7H_2O \longrightarrow 3CaO \cdot Al_2O_3 \cdot 6H_2O + CaO \cdot Fe_2O_3 \cdot H_2O$$

铁铝酸四钙 　　　　　　水化铝酸三钙 　　　　水化铁酸一钙

上述 4 种主要矿物的水化反应中,硅酸三钙水化反应速度快、水化放热量大,所生成的水化硅酸钙几乎不溶于水,呈胶体微粒析出,逐渐成为具有较高强度的凝胶。生成的氢氧化钙初始阶段溶于水,很快达到饱和并结晶析出,以后的水化反应是在氢氧化钙的饱和溶液中进行的。

硅酸二钙与水的反应和硅酸三钙相似,只是反应速率较低、水化放热量小,生成物中氢氧化钙较少。

铝酸三钙与水反应速度极快,水化放热量很大,所生成水化铝酸三钙溶于水,其中一部分会与石膏发生反应,生成不溶于水的水化硫铝酸钙晶体,其余部分会吸收溶液中的氢氧化钙最终成为水化铝酸四钙晶体,强度很低。

铁铝酸四钙与水反应,水化速度较高,水化热和强度较低,除生成水化铝酸三钙外,还生成水化铁酸一钙,它也将在溶液中吸收氢氧化钙而提高碱度。水化铁酸一钙溶解度很小,呈现胶体微粒析出,最后形成凝胶。

综上所述,忽略一些次要、少量成分,则硅酸盐水泥熟料矿物与水反应后,生成的主要水化产物为:水化硅酸钙和水化铁酸钙凝胶、氢氧化钙、水化铝酸钙和水化硫铝酸钙晶体。在完全水化的水泥石中,凝胶体约占 70%,氢氧化钙约占 20%。几种水化产物的微观形貌如图 1.2 所示。

(a)水化硅 酸钙　　　　　(b)氢氧化钙　　　　　(c)水化硫铝酸钙

图 1.2 几种水化产物的微观形貌

1.2.2 石膏的缓凝作用

石膏在水泥水化过程初期参与水化反应,与最初生成的水化铝酸钙反应,反应式如下:

$$3CaO \cdot Al_2O_3 \cdot 6H_2O + 3(CaSO_4 \cdot 2H_2O) + 19H_2O \longrightarrow$$
$$3CaO \cdot Al_2O_3 \cdot 3CaSO_4 \cdot 31H_2O$$

上述反应生成的三硫型水化硫铝酸钙（$3CaO \cdot Al_2O_3 \cdot 3CaSO_4 \cdot 31H_2O$），又称高硫型水化硫铝酸钙、钙矾石，简称 AFt）不溶于水，呈针状晶体沉积在水泥颗粒表面，抑制了水化速度极快的铝酸三钙与水的反应，使水泥凝结速度减慢，起可靠的缓凝作用。水化硫铝酸钙晶体也称为钙矾石晶体，水泥完全硬化后，钙矾石晶体约占 7%，它不仅在水泥水化初期起缓凝作用，而且会提高水泥的早期强度，待水化过程中硫消耗后，高硫型水化硫铝酸钙将转化为单硫型水化硫铝酸钙（$3CaO \cdot Al_2O_3 \cdot CaSO_4 \cdot 12H_2O$，又称低硫型水化硫铝酸钙，简称 AFm）。

1.2.3 硅酸盐水泥的凝结硬化

水泥的水化凝结硬化是个非常复杂的过程。1882 年，雷·查德里（法国）提出的结晶理论认为，水泥水化过程是由于水泥在水中的溶解和水化物在溶液中的结晶沉淀，这一理论也称为液相反应理论。1892 年，米哈艾利斯（德国）提出的胶体理论认为，水泥的水化反应是由于水直接进入熟料矿物内形成新的水化物，引起晶格重排，这一理论又称为固相反应理论。100 多年来，水泥凝结硬化理论不断发展完善，但至今仍有许多问题有待进一步研究。下面仅将当前的一般看法做简要介绍。

硅酸盐水泥的凝结硬化过程一般按水化反应速率和水泥浆体结构特征分为：初始反应期、潜伏期、凝结期和硬化期四个阶段，见表 1.3。

表 1.3 水泥凝结硬化的几个划分阶段

凝结硬化过程	一般放热反应速度	一般持续时间	主要的物理化学变化
初始反应期	168 J/(g·h)	5～10 min	初始溶解和水化
潜伏期	4.2 J/(g·h)	1 h	凝胶体膜层围绕水泥颗粒成长
凝结期	在 6 h 内逐渐增加到 21 J/(g·h)	6 h	膜层破裂，水泥颗粒进一步水化
硬化期	在 24 h 内逐渐降低到 4.2 J/(g·h)	6 h 至若干年	凝胶体填充毛细孔

1. 初始反应期

水泥与水接触立即发生水化反应，C_3S 水化生成的氢氧化钙溶于水中,溶液 pH 迅速增大至 13,当溶液达到过饱和后,氢氧化钙开始结晶析出。同时暴露在颗粒表面的 C_3A 溶于水,并与溶于水的石膏反应,生成钙矾石结晶析出,附着在水泥颗粒表面。

2. 潜伏期

在初始反应期之后,由于水泥颗粒表面形成水化硅酸钙溶胶和钙矾石晶体构成的膜层,阻止了与水的接触使水化反应速度很慢,这一阶段水化放热量小,水化产物增加不多,水泥浆体仍保持塑性。

3. 凝结期

在潜伏期中,由于水缓慢穿透水泥颗粒表面的包裹膜,与矿物成分发生水化反应,而水化生成物穿透膜层的速度小于水分渗入膜层的速度,形成渗透压,导致水泥颗粒表面膜层破裂,使暴露出来的矿物进一步水化,结束了潜伏期。水泥水化产物体积约为水泥体积的 2.2 倍,生成的大量的水化产物填充在水泥颗粒之间的空间,水的消耗与水化产物的填充使水泥浆体逐渐变稠失去可塑性而凝结,水泥水化不同时期的微观形貌如图 1.3 所示。

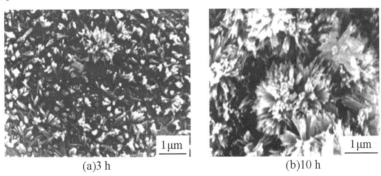

$$(a)3\,h \qquad\qquad (b)10\,h$$

图 1.3 水泥水化不同时期的微观形貌

4. 硬化期

在凝结期以后,进入硬化期,水泥水化反应继续进行使结构更加密实,但放热速度逐渐下降,水泥水化反应越来越困难,一般认为以后的水化反应是以固相反应的形式进行的。在适当的温度、湿度条件下,水泥的硬化过程可持续若干年。水泥浆体硬化后形成坚硬的水泥石,水泥石是由凝胶体、晶体、未水化完的水泥颗粒以及固体颗粒间的毛细孔所组成的不匀质结构体。

水泥硬化过程中,最初 3 d 强度增长幅度大,3~7 d 强度增长率有所下降,7~28 d 强度增长率进一步下降,28 d 强度已达到较高水平,28 d 以后强度虽然还会继续发展,但强度增长率却越来越小。水泥的凝结硬化过程示意图如图 1.4 所示。

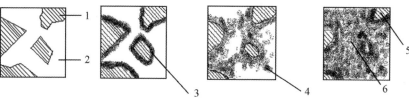

(a)分散在水中未水化的水泥颗粒　(b)在水泥颗粒表面形成水化物膜层　(c)膜层长大并互相连接(凝结)　(d)水化物进一步发展,填充毛细孔(硬化)

图 1.4　水泥的凝结硬化过程示意图

1—水泥颗粒;2—水分;3—凝胶;4—晶体;5—水泥颗粒的未水化内核;6—毛细孔

1.2.4　掺混合材料的硅酸盐水泥的凝结硬化

1. 活性混合材料在水泥水化中的作用

活性混合材料与水混合后,本身不会硬化,不起胶凝作用,即使个别品种能硬化,其硬化速度也极缓慢,强度很低。但在氢氧化钙溶液中活性混合材料会发生水化反应,在氢氧化钙饱和溶液中水化速度进行较快。

活性混合材料如粒化高炉矿渣、火山灰质混合材、粉煤灰,主要含有活性 SiO_2 和活性 Al_2O_3。在遇到 $Ca(OH)_2$ 和 H_2O 的情况下,其水化反应如下:

$$xCa(OH)_2 + SiO_2 + mH_2O \longrightarrow xCaO \cdot SiO_2 \cdot (m+x)H_2O$$

$$yCa(OH)_2 + Al_2O_3 + nH_2O \longrightarrow yCaO \cdot Al_2O_3 \cdot (n+y)H_2O$$

上述反应生成的水化产物能在空气中凝结硬化,并能在水中继续硬化,产生较高强度。

当液相中有石膏存在时,石膏还会与水化铝酸钙反应生成水化硫铝酸钙。

氢氧化钙、石膏分别作为碱性激发剂、硫酸盐激发剂使活性混合材料的火山灰性、潜在水硬性得以发挥。

掺混合材料的硅酸盐类水泥的水化,首先是熟料矿物的水化,熟料矿物水化生成的氢氧化钙再与活性混合材料发生反应,生成水化硅酸钙和水化铝酸钙;当有石膏存在时,还会进一步反应生成水化硫铝酸钙。通常将活性混合材料参与的水化反应称为二次反应。

2. 活性混合材料对水泥性质的影响

掺入大量活性混合材料的水泥,由于熟料数量的相对减少,水泥中水

化快的矿物 C_3S、C_3A 相应减少,二次反应又取决于一次反应的生成物的出现,而且二次反应本身速度较慢,所以此类水泥凝结硬化过程延缓,强度的增长速率较低,早期强度较低。不过因为二次反应将强度不高的氢氧化钙、水化铝酸钙最终转化成水化硅酸钙和水化硫铝酸钙,所以此类水泥后期强度会赶上甚至超过同强度等级的硅酸盐水泥。

由于此类水泥中 C_3S、C_3A 相对减少,二次反应水化放热较低,所以掺大量混合材料的水泥水化放热量较小。

二次反应消耗了水化产物中的大部分氢氧化钙,此类水泥硬化后碱度较低。碱度低的水泥耐酸类侵蚀性能较好,耐水侵蚀性也较好。碱度低的水泥对钢筋的保护作用差,钢筋在碱性环境中(埋置于强碱性水泥混凝土中)可保持几十年不生锈,而在弱碱性水泥中会较快生锈,所以掺大量活性混合材料的水泥一般不宜用于重要钢筋混凝土结构和预应力钢筋混凝土结构。

1.3 水泥石的侵蚀与防治

水泥石在通常使用条件下有较好的耐久性。水泥石长时间处于侵蚀性介质中,如流动的淡水、酸和酸性水、硫酸盐和镁盐溶液、强碱等,会逐渐受到侵蚀,变得疏松,强度下降甚至破坏。

1.3.1 侵蚀类型

1. 软水侵蚀(溶出性侵蚀)

硅酸盐水泥属于典型的水硬性胶凝材料,对于一般江、河、湖水和地下水等"硬水",具有足够的抵抗能力,尤其是在不流动的水中,水泥石不会受到明显的侵蚀。

但是,当水泥石受到冷凝水、雪水、冰川水等比较纯净的"软水",尤其是流动的"软水"作用时,水泥石中的氢氧化钙(溶解度:25 ℃时约为1.2 g CaO/L)首先溶解,并被流水带走。氢氧化钙的溶失又会引起水化硅酸盐、水化铝酸盐的分解,最后变成无胶结能力的低碱性硅酸凝胶、氢氧化铝。这种侵蚀首先源于氢氧化钙的溶解失去,称为溶出性侵蚀。

硅酸盐水泥水化形成的水泥石中,氢氧化钙质量分数高达20%,所以受溶出性侵蚀的影响尤为严重。而掺混合材料的水泥,由于硬化后水泥石中氢氧化钙质量分数较少,耐软水侵蚀性有一定程度的提高。

2. 酸类侵蚀（溶解性侵蚀）

硅酸盐水泥水化生成物显碱性，其中含有较多的氢氧化钙，当遇到酸类或酸性水时则会发生中和反应，生成比氢氧化钙溶解度大的盐类，导致水泥石受损破坏。

（1）碳酸的侵蚀。在工业污水、地下水中常溶解有较多的二氧化碳，这种碳酸水对水泥石的侵蚀作用如下：

$$Ca(OH)_2 + CO_2 + nH_2O \longrightarrow CaCO_3 + (n+1)H_2O$$

最初生成的 $CaCO_3$ 溶解度不大，但继续处于浓度较高的碳酸水中，则碳酸钙与碳酸水进一步反应：

$$CaCO_3 + CO_2 + H_2O \longrightarrow Ca(HCO_3)_2$$

此反应为可逆反应，当水中溶有较多的 CO_2 时，则上述反应向右进行，所生成的重碳酸钙溶解度大。水泥石中的氢氧化钙与碳酸水反应生成重碳酸钙而溶失，氢氧化钙浓度的降低又会导致其他水化产物的分解，侵蚀作用加剧。

（2）一般酸的侵蚀。工业废水、地下水、沼泽水中常含有多种无机酸、有机酸。工业窑炉的烟气中常含有 SO_2，遇水后生成亚硫酸。各种酸类都会对水泥石造成不同程度的损害。其损害作用是酸类与水泥石中的氢氧化钙发生化学反应，生成物或者易溶于水，或者体积膨胀在水泥石中造成内应力而导致破坏。无机酸中的盐酸、硝酸、硫酸、氢氟酸和有机酸中的醋酸、蚁酸、乳酸的侵蚀作用尤为严重。以盐酸、硫酸与水中的氢氧化钙的作用为例，其反应式如下：

$$Ca(OH)_2 + 2HCl \longrightarrow CaCl_2 + 2H_2O$$
$$Ca(OH)_2 + H_2SO_4 \longrightarrow CaSO_4 \cdot 2H_2O$$

反应生成的 $CaCl_2$ 易溶于水，生成的二水石膏（$CaSO_4 \cdot 2H_2O$）结晶膨胀，还会进一步引起硫酸盐的侵蚀作用。

3. 盐类侵蚀

（1）硫酸盐的侵蚀（膨胀性侵蚀）。在海水、湖水、盐沼水、地下水和某些工业污水中，常含有钾、钠、氨的硫酸盐，它们与水泥石中的氢氧化钙发生置换反应生成硫酸钙。硫酸钙再与水泥石中固态水化铝酸钙作用生成高硫型水化硫铝酸钙。其反应式如下：

$$3CaO \cdot Al_2O_3 \cdot 6H_2O + 3(CaSO_4 \cdot 2H_2O) + 19H_2O \longrightarrow$$
$$3CaO \cdot Al_2O_3 \cdot 3CaSO_4 \cdot 31H_2O$$

生成的高硫型水化硫铝酸钙含大量结晶水，体积膨胀 1.5 倍以上，在水泥石中产生内应力，造成极大的膨胀性破坏作用。高硫型水化硫铝酸钙晶体呈针状,对水泥石危害严重,所以称其为"水泥杆菌",具体试验方法参见《水泥抗硫酸盐侵蚀试验方法》(GB/T 749)。

(2)镁盐的侵蚀(双重侵蚀)。在海水、盐沼水、地下水中,常含有大量的镁盐,如硫酸镁、氯化镁,它们会与水泥石中的氢氧化钙起复分解反应,其反应式如下:

$$Ca(OH)_2 + MgSO_4 + 2H_2O \longrightarrow CaSO_4 \cdot 2H_2O + Mg(OH)_2$$
$$Ca(OH)_2 + MgCl_2 \longrightarrow CaCl_2 + Mg(OH)_2$$

反应生成的二水石膏会进一步引起硫酸盐的膨胀性破坏,氯化钙易溶于水,而氢氧化镁疏松无胶凝作用。因此镁盐的侵蚀又称双重侵蚀。

4. 强碱侵蚀

硅酸盐水泥水化产物显碱性,一般碱类溶液浓度不大时不会造成明显损害。但铝酸盐(C_3A)含量较高的硅酸盐水泥遇到强碱(如 NaOH)会发生反应,生成的铝酸钠易溶于水。

$$3CaO \cdot Al_2O_3 + 6NaOH \longrightarrow 3Na_2O \cdot Al_2O_3 + 3Ca(OH)_2$$

当水泥石被氢氧化钠浸透后又在空气中干燥,则溶于水的铝酸钠会与空气中的 CO_2 反应生成碳酸钠,由于水分失去,碳酸钠在水泥石毛细管中结晶膨胀,引起水泥石疏松、开裂。

除上述 4 种侵蚀类型外,对水泥石有侵蚀作用的还有糖、酒精、脂肪、氨盐和含环烷酸的石油产品等。

水泥石的侵蚀往往是多种侵蚀介质同时存在的一个极其复杂的物理化学作用过程。引起水泥石侵蚀的外部因素是侵蚀介质,而内在因素有两种:一是水泥石中含有易引起侵蚀的组分,即 $Ca(OH)_2$ 和水化铝酸钙($3CaO \cdot Al_2O_3 \cdot 6H_2O$);二是水泥石不密实。水泥水化反应理论需水量仅为水泥质量的 23%,而实际应用时拌和用水量多为水泥质量的 $40\% \sim 70\%$,多余水分会形成毛细管和孔隙存在于水泥石中,侵蚀介质不仅在水泥石表面起作用,而且易于进入水泥石内部引起严重破坏。

由于硅酸盐水泥水化生成物中,氢氧化钙和水化铝酸钙含量较多,所以其耐侵蚀性较其他水泥差。掺混合材料的水泥水化反应生成物中氢氧化钙明显减少,其耐侵蚀性比硅酸盐水泥有显著改善。

1.3.2 防止水泥石侵蚀的措施

针对水泥石侵蚀的原理,防止水泥石侵蚀的措施如下。

1. 合理选择水泥品种

例如:在软水或浓度很小的一般酸侵蚀条件下的工程,宜选用水化生成物中氢氧化钙含量较小的水泥(即掺大量混合材料的水泥);有硫酸盐侵蚀的工程,宜选用铝酸钙(C_3A)质量分数低于 5% 的抗硫酸盐水泥;通用水泥中硅酸盐水泥是耐侵蚀性最差的一种,在有侵蚀情况时,如无可靠防护措施则不宜使用。

2. 提高水泥石密度

水泥石中的毛细管、孔隙是引起水泥石侵蚀加剧的内在原因之一。因此,采取适当技术措施,如强制搅拌、振动成型、真空吸水、掺加外加剂等在满足施工操作的前提下,努力减小水灰比,提高水泥石密实度,都将使水泥石的耐侵蚀性得到改善。

3. 表面加做保护层

当侵蚀作用比较强烈时,需在水泥制品表面加做保护层。保护层的材料常采用耐酸石料(石英岩、辉绿岩)、耐酸陶瓷、玻璃、塑料、沥青等。

1.4　硅酸盐水泥的技术性能

1.4.1　细度

水泥细度表示水泥颗粒的粗细程度。水泥颗粒越细,水化反应速度越快,水化放热越快,凝结硬化速度越快,早期强度越高。但水泥颗粒过细,粉磨过程能耗高、成本高,而且过细的水泥硬化过程收缩率大,易引起开裂。

硅酸盐水泥的细度以比表面积法表示,水泥比表面积是指单位质量的水泥粉末所具有的总表面积,该方法是用勃氏透气仪测定,以 m^2/kg 表示。比表面积越大,表示粉末越细。普通硅酸盐水泥及其他几种通用水泥的细度用筛析法表示,筛析法以筛余粗颗粒的百分比表示粗细程度,表明水泥中较粗的惰性颗粒所占的比例。

比表面积和细度测定参见《水泥比表面积测定方法 勃氏法》(GB/T 8074)和《水泥细度检验方法 筛析法》(GB/T 1345)。

1.4.2　凝结时间

水泥从加水开始到失去流动性,即从可塑状态发展到固体状态所需的时间称为水泥的凝结时间。水泥的凝结时间有初凝时间与终凝时间之分。自加水拌和起,至水泥浆开始凝结所需的时间称为初凝时间。自加水拌和至水泥浆完全凝结(完全失去塑性)开始产生强度的时间称为终凝时间。

为了保证施工过程能在水泥浆具有可塑性的情况下进行,初凝时间不能过短。因此,初凝时间不符合标准要求应做废品处理。终凝时间不可过长,因为水泥终凝后才开始产生强度,而水泥制品遮盖浇水养护以及下面工序的进行,需待其具有一定强度后方可进行。终凝时间不合格的水泥称为不合格品。

凝结时间的测定必须具备两个规定条件:一是在规定的恒温恒湿环境中;二是受测水泥浆必须是标准稠度的水泥浆。不同的水泥因其矿物成分、粉磨细度各不相同,拌成标准稠度的水泥浆时用水量也不同。标准稠度用水量是指水泥净浆达到规定稠度(标准稠度)时所需的拌和水量,以占水泥质量的百分率表示。水泥标准稠度用水量一般为 24%~33%。

1.4.3 安定性

水泥安定性是指水泥在凝结硬化过程中体积变化的均匀性。当水泥浆体硬化过程发生不均匀变化时,会导致制品产生膨胀开裂、翘曲等现象,称为安定性不良。安定性不合格的水泥应做废品处理,不得用于建筑工程。

引起水泥安定性不良的因素有 3 个。其一,是在生产熟料矿物时残留较多的游离氧化钙(f-CaO),这种高温煅烧过的 CaO(即烧过的石灰),在水泥凝结硬化后,会缓慢与水生成氢氧化钙体积膨胀,使水泥石开裂。其二,原料中过多的 MgO,经高温煅烧后生成游离氧化镁(f-MgO),它与水的反应更加缓慢,会在水泥硬化几个月后膨胀引起开裂。其三是水泥中含有过多的 SO_3 时,也会在水泥硬化很长时间以后发生硫酸盐类侵蚀而引起膨胀开裂。后两种有害成分引起的水泥安定性不良,常称为长期安定性不良。

对过量 f-CaO 引起的安定性不良,《通用硅酸盐水泥》(GB 175)规定用沸煮法检验。沸煮法检验又分为两种:一种是试饼法,将标准稠度的水泥净浆制成规定尺寸形状的试饼,凝结后经沸水煮 3 h,不开裂、不翘曲为合格。另一种方法为雷氏法,将标准稠度的水泥净浆装入雷氏夹,凝结并沸煮后,雷氏夹张开幅度不超过规定为合格。雷氏法为标准方法,当两种方法测定结果发生争议时以雷氏法为准。不仅要求水泥出厂前应按沸煮法检验安定性合格,用户还须对到场水泥抽样复检合格。

由于 f-MgO、SO_3 会引起长期安定性不良,上述沸煮法检验难以奏效。国家标准规定通用水泥 f-MgO 质量分数不得超过 5%(若水泥经压蒸法快速检验合格,f-MgO 质量分数可放宽到 6%),SO₃ 质量分数不超过 3.5%。水泥生产厂通过定量化学分析,控制f-MgO、SO₃ 质量分数,保证长期安定性合格。

水泥凝结时间和安定性测试参见《水泥标准稠度用水量、凝结时间、安定性》(GB/T 1346)。

1.4.4　强度和强度等级

水泥的强度取决于水泥熟料的矿物组成、混合材料的品种、数量以及水泥的细度。由于水泥很少单独使用,所以水泥的强度是以水泥、标准砂、水按规定比例拌和成水泥胶砂拌合物,再按规定方法制成水泥胶砂软练试件,测其不同龄期的强度。《通用硅酸盐水泥》(GB 175)规定硅酸盐类水泥的强度等级是以水泥胶砂软练试件规定龄期(3 d、28 d)的抗折强度和抗压强度数据评定。又根据 3 d 强度分为普通型和早强型(R)。

水泥强度检测参见《水泥胶砂强度检验方法(ISO 法)》(GB/T 17671)。

1.4.5　水化热

水泥与水的水化反应是放热反应,所释放的热称为水化热。水化热的多少和释放速率取决于水泥熟料的矿物组成、混合材料的品种和数量、水泥细度和养护条件等。大部分水化热在水泥水化初期放出。

硅酸盐水泥是 6 种通用水泥中水化热量最大、放热速率最快的一种。普通水泥水化热数量和放热速率其次,掺大量混合材料的水泥水化热较少。

水泥的水化热多,有利于冬期施工,可在一定程度上防止冻害。但不利于大体积工程,大量水化热聚集于内部,造成内部与表面有较大温差,内部受热膨胀,表面冷却收缩,会使大体积混凝土在温度应力下严重受损。尽管《通用硅酸盐水泥》(GB 175)没有规定通用水泥的水化热限值,但选用水泥时应充分考虑水化热对工程的影响。

水泥的水化热测试参见《水泥水化热测定方法》(GB/T 12959)。

1.4.6　密度和堆积密度

硅酸盐水泥密度一般为 3.1～3.2 g/cm³,普通水泥、复合水泥的密度略低,矿渣水泥、火山灰水泥、粉煤灰水泥的密度一般为 2.8～3.0 g/cm³。水泥的密度主要与熟料的质量、混合材料的掺量有关。

水泥的堆积密度除与水泥组成、细度有关外，主要取决于堆积的紧密程度。根据堆积的疏密程度不同，堆积密度为 1 000～1 600 kg/m³，通常采用 1 300 kg/m³。

水泥密度测定方法参见《水泥密度测定方法》(GB/T 208)。

1.5　通用水泥

《通用硅酸盐水泥》(GB 175)规定，以硅酸盐水泥熟料和适量的石膏及规定的混合材料制成的水硬性胶凝材料，称为通用硅酸盐水泥(Common Portland Cement)，简称通用水泥。本标准规定的通用硅酸盐水泥按混合材料的品种和掺量分为硅酸盐水泥、普通硅酸盐水泥、矿渣硅酸盐水泥、火山灰质硅酸盐水泥、粉煤灰硅酸盐水泥和复合硅酸盐水泥。后 4 种又称为掺混合材料的硅酸盐水泥。

1.5.1　硅酸盐水泥

凡由硅酸盐水泥熟料、质量分数为 0～5% 的石灰石或粒化高炉矿渣、适量石膏磨细制成的水硬性胶凝材料，称为硅酸盐水泥(国外通称为波特兰水泥)。硅酸盐水泥分两类：不掺加混合材料的称 I 型硅酸盐水泥，代号为 P·I；掺入不超过水泥质量 5% 的石灰石或粒化高炉矿渣的称 II 型硅酸盐水泥，代号为 P·II。

1. 硅酸盐水泥的技术要求

为了控制水泥生产质量、方便用户选用，《通用硅酸盐水泥》(GB 175)对硅酸盐水泥技术性质做出了规定，见表 1.4。

表 1.4　硅酸盐水泥的技术性质

技术性质	细度（比表面积）/(m²·kg⁻¹)	凝结时间/min		安定性（沸煮法）	MgO质量分数/%	SO₃质量分数/%	不溶物/%	烧失量/%	氯离子/%
		初凝	终凝						
P·I	≥300	≥45	≤390	合格	≤5.0	≤3.5	≤0.75	≤3.0	≤0.06
P·II							≤1.50	≤3.5	
强度	抗压强度/MPa				抗折强度/MPa				
	3 d		28 d		3 d		28 d		
42.5	≥17.0		≥42.5		≥3.5		≥6.5		
42.5R	≥22.0				≥4.0				

续表1.4

技术性质	细度（比表面积）/$(m^2 \cdot kg^{-1})$	凝结时间/min		安定性（沸煮法）	MgO质量分数/%	SO_3质量分数/%	不溶物/%	烧失量/%	氯离子/%
		初凝	终凝						
52.5	≥23.0			≥52.5		≥4.0		≥7.0	
52.5R	≥27.0					≥4.5			
62.5	≥28.0			≥62.5		≥5.0		≥8.0	
62.5R	≥32.0					≥5.5			

2. 硅酸盐水泥的特性与应用

（1）凝结硬化快，早期及后期强度均较高。适用于有早期强度要求的工程（如冬季施工、预制、现浇等工程）和高强度混凝土工程（如预应力钢筋混凝土、大坝溢流面部位混凝土）。

（2）抗冻性好。适合水工混凝土和抗冻性要求高的工程。

（3）耐磨性好。适用于高速公路、道路和地面工程。

（4）抗碳化性好。因水化后氢氧化钙含量较多，故水泥石的碱度较高，对钢筋的保护作用强。适用于空气中二氧化碳浓度较大的环境。

（5）耐侵蚀性差。因水化后氢氧化钙和水化铝酸钙的含量较多，不宜用于有侵蚀性要求的工程，特别是硫酸盐浓度较高的环境。

（6）水化热高。不宜用于大体积混凝土工程（如采用硅酸盐水泥配制大体积混凝土时，需加入大量的矿物掺合料），但有利于低温季节蓄热法施工。

（7）耐热性差。因水化后氢氧化钙含量高，不适用于承受高温作用的混凝土工程。

1.5.2 掺混合材料的硅酸盐水泥

1. 普通硅酸盐水泥

凡由硅酸盐水泥熟料，质量分数大于5%且不大于20%的活性混合材料和适量石膏磨细制成的水硬性胶凝材料称为普通硅酸盐水泥，简称普硅水泥，代号为 P·O。其中允许用不超过水泥质量8%且符合规定的非活性混合材料或不超过水泥质量5%且符合规定的窑灰代替活性混合材料。

《通用硅酸盐水泥》规定，普通硅酸盐水泥分为42.5、42.5R、52.5、52.5R共4个强度等级。普通硅酸盐水泥技术性质见表1.5。

表 1.5 普通硅酸盐水泥技术性质

技术性质	细度（比表面积）/($m^2 \cdot g^{-1}$)	凝结时间/min		安定性（沸煮法）	MgO质量分数/%	SO_3质量分数/%	烧失量/%	氯离子/%
		初凝	终凝					
指标	≥300	≥45	≤600	合格	≤5.0	≤3.5	≤5.0	≤0.06

强度	抗压强度/MPa		抗折强度/MPa	
	3 d	28 d	3 d	28 d
42.5	≥17.0	≥42.5	≥3.5	≥6.5
42.5R	≥22.0		≥4.0	
52.5	≥23.0	≥52.5	≥4.0	≥7.0
52.5R	≥27.0		≥4.5	

普通硅酸盐水泥加水拌和后,首先是水泥熟料中各矿物发生水化反应,其中硅酸盐矿物水化形成的氢氧化钙作为激发剂有助于加速混合材料的溶解,显著提升混合材料的化学反应活性,还可与混合材料中的活性二氧化硅或氧化铝反应化合成水化硅酸钙、水化铝酸钙、水化硫铝酸钙(石膏存在情况下)等水化产物。这一水化过程发生在熟料水化之后,因此称为"二次水化",其作用可使水泥石的密实度、强度、抗渗性等有明显改善,但因二次水化发生在相对较晚的阶段,再加上水泥中熟料含量降低,对水泥的早期强度有一定影响。

与硅酸盐水泥相比,普通硅酸盐水泥的主要性能特点如下:

(1)早期强度略低,后期强度较高。

(2)水化热略低。

(3)抗渗性和抗冻性好,抗碳化能力强。

(4)抗侵蚀能力较好。

(5)耐磨性、耐热性较好。

普通硅酸盐水泥的应用范围和硅酸盐水泥基本相同。

2. 矿渣硅酸盐水泥、火山灰硅酸盐水泥、粉煤灰硅酸盐水泥和复合硅酸盐水泥

(1)定义及组成。矿渣硅酸盐水泥:凡由硅酸盐水泥熟料、质量分数大于20%且不大于70%的粒化高炉矿渣和适量石膏磨细制成的水硬性胶凝材料,称为矿渣硅酸盐水泥(简称矿渣水泥),代号为 P·S,它分为 A 型和 B 型。矿渣掺量大于 20%且不大于 50%的水泥称为 A 型,代号为

P·S·A;矿渣掺量大于 50%且不大于 70%的水泥称为 B 型,代号为 P·S·B。其中允许用不超过水泥质量 8%且符合规定的活性混合材料、非活性混合材料或窑灰代替。

火山灰质硅酸盐水泥:凡由硅酸盐水泥熟料、质量分数大于 20%且不大于 40%的火山灰质混合材料和适量石膏磨细制成的水硬性胶凝材料,称为火山灰质硅酸盐水泥(简称火山灰水泥),代号为 P·P。

粉煤灰硅酸盐水泥:凡由硅酸盐水泥熟料、质量分数大于 20%且不大于 40%的粉煤灰和适量石膏磨细制成的水硬性胶凝材料,称为粉煤灰硅酸盐水泥(简称粉煤灰水泥),代号为 P·F。

复合硅酸盐水泥:凡由硅酸盐水泥熟料、两种或两种以上符合规定的活性混合材料和/或非活性混合材料(质量分数之和大于 20%且不大于 50%)以及适量石膏磨细制成的水硬性胶凝材料,称为复合硅酸盐水泥(简称复合水泥),代号为 P·C。其中允许用不超过水泥质量 8%且符合规定的窑灰代替。

(2)技术要求。细度、凝结时间和体积安定性要求与普通硅酸盐水泥相同。水泥中氧化镁的质量分数不超过 6.0%。如超过 6.0%,需进行水泥压蒸安定性试验。矿渣水泥中三氧化硫的质量分数不得超过 4.0%。火山灰质水泥、粉煤灰水泥和复合水泥中三氧化硫的质量分数不得超过 3.5%。水泥强度等级按规定龄期的抗压强度和抗折强度来划分,分为 32.5、32.5R、42.5、42.5R、52.5、52.5R。矿渣水泥、火山灰质水泥、粉煤灰水泥、复合水泥的技术性质见表 1.6。

表 1.6 矿渣水泥、火山灰质水泥、粉煤灰水泥、复合水泥的技术性质

技术性质	细度(80 μm 方孔筛筛余或 45 μm 方孔筛筛余)/%	凝结时间/min		安定性(沸煮法)	MgO 质量分数/%	SO₃ 质量分数/%		氯离子质量分数/%
		初凝	终凝			火山灰水泥粉煤灰水泥复合水泥	矿渣水泥	
指标	≤10.0%或≤30.0%	≥45	≤600	必须合格	≤6.0	≤3.5	≤4.0	≤0.06
强度等级	抗压强度 / MPa				抗折强度 / MPa			
	3 d		28 d		3 d		28 d	
32.5	≥10.0		≥32.5		≥2.5		≥5.5	
32.5R	≥15.0				≥3.5			

续表1.6

技术性质	细度(80 μm 方孔筛筛余或 45 μm 方孔筛筛余)/%	凝结时间/min		安定性(沸煮法)	MgO 质量分数/%	SO₃ 质量分数/%		氯离子质量分数/%
		初凝	终凝			火山灰水泥粉煤灰水泥复合水泥	矿渣水泥	
42.5	≥15.0		≥42.5			≥3.5	≥6.5	
42.5R	≥19.0					≥4.0		
52.5	≥21.0		≥52.5			≥4.0	≥7.0	
52.5R	≥23.0					≥4.5		

（3）水化过程。矿渣硅酸盐水泥、火山灰质硅酸盐水泥、粉煤灰硅酸盐水泥和复合硅酸盐水泥的水化过程与普通硅酸盐水泥相似,均包括先后发生的水泥熟料水化和混合材料的"二次水化"过程,不过由于混合材料的掺量更高,熟料更少,因此相应水泥的水化反应速度更慢,早期强度更低,水化热也明显减少。

（4）性能与使用。矿渣硅酸盐水泥、火山灰质硅酸盐水泥、粉煤灰硅酸盐水泥和复合硅酸盐水泥都是在硅酸盐水泥熟料基础上掺入较多的活性混合材料,再加上适量石膏共同磨细制成的。由于活性混合材料的掺量较多,且活性混合材料的化学成分基本相同(主要是活性氧化硅和氧化铝),因此,它们具有一些相似的性质。这些性质与硅酸盐水泥或普通水泥相比,有明显的不同。又由于每种混合材料结构上的不同,它们相互之间又具有一些不同的特性,这些性质决定了它们使用上的特点和应用。

矿渣硅酸盐水泥、火山灰质硅酸盐水泥、粉煤灰硅酸盐水泥和复合硅酸盐水泥具有如下共性:

①密度较小。由于大量低密度活性混合材料的掺入,这些水泥的密度一般为 $2.70 \sim 3.10$ g·cm⁻³。

②早期强度比较低,后期强度增长较快。由于这些水泥中水泥熟料含量相对减少,加水拌和以后,熟料水化后析出的氢氧化钙作为碱性激发剂激发活性混合材料水化,生成水化硅酸钙、水化硫铝酸钙等水化产物。因此,早期强度比较低,后期由于二次水化的不断进行,水化产物逐渐增多,使得后期强度发展较快。

③对养护温、湿度敏感,适合蒸汽养护。这些水泥在温度较低时,水化速度明显小于硅酸盐水泥和普通硅酸盐水泥,强度增长慢。提高养护温度可以促进活性混合材料的水化,提高早期强度,且对后期强度发展影响

不大。

④水化热小。由于这几种水泥掺入了大量混合材料,水泥熟料含量较少,放热量大的 C_3A、C_3S 相对减少。因此,水化热小且放热缓慢,适合于大体积混凝土施工。

⑤耐侵蚀性较好。由于熟料含量少,水化以后生成的 $Ca(OH)_2$ 少,而且二次水化还要进一步消耗 $Ca(OH)_2$,使水泥石结构中 $Ca(OH)_2$ 的含量更低。因此,抵抗海水、软水及硫酸盐等侵蚀性介质的能力较强。但如果火山灰质混合材料中氧化铝含量较高,水化后生成的水化铝酸钙数量较多,则抵抗硫酸盐侵蚀的能力变差。

⑥抗冻性、耐磨性不及硅酸盐水泥或普通硅酸盐水泥。

矿渣硅酸盐水泥、火山灰质硅酸盐水泥、粉煤灰硅酸盐水泥和复合硅酸盐水泥的特性如下:

①矿渣硅酸盐水泥:矿渣为高温熔渣在快速冷却条件下形成的玻璃态物质,致密坚固,难以磨细,对水的吸附能力差,因此矿渣硅酸盐水泥的保水性差,泌水率高。在混凝土施工中会由于泌水而形成毛细管通道及水囊,水分的蒸发又容易引起混凝土干缩,影响混凝土的抗渗性、抗冻性及耐磨性等。由于矿渣是在高温下形成的,矿渣硅酸盐水泥硬化后的 $Ca(OH)_2$ 含量也比较少,因此,矿渣硅酸盐水泥的耐热性比较好。

②火山灰质硅酸盐水泥:火山灰质混合材料的结构特点是疏松多孔,内比表面积大。火山灰水泥的特点是易吸水、易反应。在潮湿的条件下养护,可以形成较多的水化产物,水泥石结构较为致密,从而具有较高的抗渗性和耐水性。如处于干燥环境中,所吸收的水分会蒸发,体积收缩,产生裂缝。因此,火山灰质硅酸盐水泥不宜用于长期处于干燥环境和水位变化区的混凝土工程。火山灰质硅酸盐水泥的抗硫酸盐性能随成分而异,如活性混合材料中氧化铝含量较多,熟料中又含有较多的 C_3A 时,其抗硫酸盐能力变差。

③粉煤灰硅酸盐水泥:粉煤灰与其他火山灰质混合材料相比,结构较致密,内比表面积小,有很多球形颗粒,吸水能力较弱,所以粉煤灰硅酸盐水泥的需水量比较低,抗裂性较好。尤其适合于大体积水工混凝土以及地下和海港工程等。

④复合硅酸盐水泥:复合硅酸盐水泥中掺用了两种或两种以上的混合材料,其作用会相互补充、取长补短。如在矿渣硅酸盐水泥基础上掺入石灰石既能改善矿渣硅酸盐水泥的泌水性,提高早期强度,又能保证后期强度的增长;在需水性大的火山灰质硅酸盐水泥中掺入矿渣,能有效减少水

泥需水量。复合硅酸盐水泥的性能在以矿渣为主要混合材料时,其性能与矿渣硅酸盐水泥接近。而当火山灰质为主要混合材料时,则接近火山灰质硅酸盐水泥的性能。所以,复合硅酸盐水泥的使用,应先确定其所掺的主要混合材料。复合水泥包装袋上均标明了主要混合材料的名称。为了便于识别,硅酸盐水泥和普通硅酸盐水泥包装袋上要求用红字印刷,矿渣硅酸盐水泥包装袋上要求采用绿字印刷,火山灰质硅酸盐水泥、粉煤灰硅酸盐水泥和复合硅酸盐水泥则要求采用黑字或蓝字印刷。

硅酸盐水泥、普通硅酸盐水泥、矿渣硅酸盐水泥、火山灰质硅酸盐水泥、粉煤灰硅酸盐水泥和复合硅酸盐水泥是建设工程中常用的水泥。常用水泥的主要性能与应用见表 1.7。

表 1.7 常用水泥的性能与应用

水泥品种	硅酸盐水泥	普通硅酸盐水泥	矿渣硅酸盐水泥	火山灰质硅酸盐水泥	粉煤灰硅酸盐水泥	复合硅酸盐水泥
特性	①强度高;②快硬早强;③抗冻、耐磨性好;④水化热大;⑤耐侵蚀性较差;⑥耐热性较差	①早期强度较高;②抗冻性较好;③水化热较大;④耐侵蚀性较差;⑤耐热性较差	①强度早期低但后期增长快;②强度发展对温湿度敏感;③水化热低;④耐软水、海水、硫酸盐侵蚀性较好;⑤耐热性较好;⑥抗冻抗渗性较差	①抗渗性较好,耐热不及矿渣硅酸盐水泥,干缩大,耐磨性差;②其他同矿渣硅酸盐水泥	①干缩性较小,抗裂性较好;②其他同矿渣硅酸盐水泥	①早期强度较高;②其他性能与掺主要混合料的水泥接近
适用范围	①高强度混凝土工程;②预应力混凝土工程;③快硬早强结构;④抗冻混凝土工程	①一般混凝土工程;②预应力混凝土工程;③地下与水中结构;④抗冻混凝土工程	①一般耐热要求的混凝土工程;②大体积混凝土工程;③蒸汽养护构件;④一般混凝土构件;⑤一般耐软水、海水、硫酸盐侵蚀要求的混凝土工程	①水中、地下、大体积混凝土,抗渗混凝土工程;②其他同矿渣硅酸盐水泥	①地上、地下、与水中大体积混凝土;②其他同矿渣硅酸盐水泥	①早期强度较高的工程;②其他与掺主要混合材料的水泥类似

续表1.7

水泥品种	硅酸盐水泥	普通硅酸盐水泥	矿渣硅酸盐水泥	火山灰质硅酸盐水泥	粉煤灰硅酸盐水泥	复合硅酸盐水泥
不适用范围	①大体积混凝土工程；②易受侵蚀的混凝土工程；③耐热混凝土、高温养护混凝土工程		①早期强度要求较高的混凝土；②严寒地区及处在水位升降范围内的混凝土；③抗渗性要求高的混凝土	①干燥环境及处在水位变化混凝土；②有耐磨要求的混凝土；③其他同矿渣硅酸盐水泥	①抗碳化要求的混凝土；②有抗渗要求的混凝土；③其他同火山灰质硅酸盐水泥	与掺主要混合材料的水泥类似

1.6　特种水泥

为了满足各种工程的施工要求，往往还需要一些具有特殊性能或用途的水泥，如中热/低热硅酸盐水泥、白色和彩色硅酸盐水泥、抗硫酸盐硅酸盐水泥、道路硅酸盐水泥、铝酸盐水泥、硫铝酸盐水泥等。

1.6.1　白色和彩色硅酸盐水泥

硅酸盐水泥呈暗灰色，主要原因是其含 Fe_2O_3 较多（Fe_2O_3 的质量分数为3%～4%）。当 Fe_2O_3 质量分数在 0.5% 以下，则水泥接近白色。白色硅酸盐水泥的生产要求严格控制 Fe_2O_3 的质量分数，主要是选用少含 Fe_2O_3 的原料，在水泥生产特别是粉磨过程中采用适当工艺措施，避免 Fe_2O_3 的混入，同时尽可能减少 MnO_2、TiO_2 等着色氧化物。白色硅酸盐水泥生产配料中，生料的铝率较高（可达 4.0 以上，正常为 1.4～1.7），熟料煅烧需要在更高温度下（$>1\ 600\ ℃$）进行，导致白水泥生产成本显著提高。

由氧化铁含量少的硅酸盐水泥熟料、适量石膏以及符合规定的混合材料，磨细制成水硬性胶凝材料，称为白色硅酸盐水泥（简称白水泥），代号为 P·W。白水泥生产过程中允许加入占水泥质量 0～10% 的石灰石或窑灰作为混合材料，要求石灰石中 Al_2O_3 的质量分数应不超过 2.5%。《白色硅酸盐水泥》(GB/T 2015)规定，白色硅酸盐水泥划分为 32.5、42.5、52.5 共 3 个强度等级，白色硅酸盐水泥的其他性能指标与掺混合材水泥基本相同。白水泥的白度是将水泥样品装入标准压样器中,压成表面平整、无纹理、无疵点、无污点的白板,置于光谱测色仪或光电积分类测色仪中,测其三刺激值,以此计算出水泥的白度,要求不低于 87。

在白色水泥熟料中加入适量石膏和着色剂,共同磨细后可制成彩色硅酸盐水泥(简称彩色水泥)。为控制生产成本,也可采用颜色较浅的硅酸盐水泥熟料代替白水泥。《彩色硅酸盐水泥》(JC/T 870)对彩色硅酸盐水泥的技术指标做出了具体要求。彩色硅酸盐水泥中加入的着色剂(颜料)必须具有良好的抗碱性和大气稳定性,不溶于水,分散性好,不参与水泥的水化反应,对水泥的组成和特性无破坏作用等特点。常用的颜料有氧化铁(黑、红、褐、黄色)、二氧化锰(黑、褐色)、氧化铬(绿色)、氧化钴(蓝色)等。

白水泥和彩色水泥主要用于建筑物内外的装饰,如地面、楼面、墙柱、台阶,以及建筑立面的线条、装饰图案、雕塑等。配以彩色大理石、白云石石子和石英砂作为粗细骨料,可拌制成彩色砂浆和混凝土,做成水磨石、水刷石、斩假石等饰面,起到艺术装饰的效果。

1.6.2 道路硅酸盐水泥

随着经济建设的发展,高等级公路越来越多,水泥混凝土路面已成为主要路面之一。专供公路、城市道路和机场跑道所用的道路水泥为专用水泥,并制定了《道路硅酸盐水泥》(GB/T 13693)。

以道路硅酸盐水泥熟料、适量石膏,以及符合规定的混合材料,磨细制成的水硬性胶凝材料称为道路硅酸盐水泥(简称道路水泥),代号为 P·R。所采用混合材料应为符合规定的 F 类粉煤灰、粒化高炉矿渣、粒化电炉磷渣或钢渣,掺量以水泥的质量分数计为 0~10%。

道路硅酸盐水泥熟料是以硅酸钙为主要成分并且含有较多的铁铝酸四钙的水泥熟料。在道路硅酸盐水泥中,熟料的化学组成和硅酸盐水泥是颇为类似的,只是水泥中的铝酸三钙的质量分数不得大于 5.0%,铁铝酸四钙的质量分数要大于 16.0%。

与其他水泥相比,道路硅酸盐水泥的技术特点如下:

(1)细度:比表面积为 $300\sim450 \ m^2 \cdot kg^{-1}$。

(2)凝结时间:初凝时间不早于 1.5 h,终凝时间不得迟于 10 h。

(3)干缩性:根据国家标准规定水泥的干缩性试验方法,28 d 的干缩率不得大于 0.10%。

(4)耐磨性:根据国家标准规定的试验方法,28 d 的磨耗值不得大于 $3.00 \ kg \cdot m^{-2}$。

(5)强度等级:道路硅酸盐水泥分 32.5、42.5、52.5 共 3 个强度等级,各龄期的强度值不得低于表 1.8 中的要求。

表 1.8 道路硅酸盐水泥的强度

强度等级	抗压强度/MPa		抗折强度/MPa	
	3 d	28 d	3 d	28 d
32.5	≥16.0	≥32.5	3.5	≥6.5
42.5	≥21.0	≥42.5	4.0	≥7.0
52.5	≥26.0	≥52.5	5.0	≥7.5

道路硅酸盐水泥的抗折强度高,干缩小,耐磨性强,抗冻性、抗冲击性、抗硫酸盐性能好,可减少混凝土路面的温度裂缝和磨耗,削减路面维修费用,延长使用年限,适用于公路路面、机场跑道、城市人流较多的广场等工程的面层混凝土。工程实践中也可以采用符合《钢渣道路水泥》(GB/T 25029)规定的钢渣道路水泥,其基本组成为 20%～40%的钢渣、0～10%的矿渣以及适量的硅酸盐水泥熟料和石膏。

1.6.3 石灰石、磷渣、镁渣硅酸盐水泥

为充分利用工业灰渣,降低水泥的能耗与污染,同时满足工程实践的需要,在硅酸盐水泥熟料、适量石膏和一定比例的石灰石、磷渣或镁渣作为混合材,磨细制成水硬性胶凝材料,其成分及性能指标应符合建材行业标准《石灰石硅酸盐水泥》(JC/T 600)、《磷渣硅酸盐水泥》(JC/T 740)和《镁渣硅酸盐水泥》(GB/T 23933)的要求。根据相关标准规定,石灰石硅酸盐水泥(代号为 P·L)中石灰石的质量分数为 10%～25%;磷渣硅酸盐水泥(代号为 PPS)中粒化电炉磷渣的质量分数为 20%～50%,镁渣硅酸盐水泥(代号为 P·M)中镁渣的质量分数为 12%～25%。

石灰石硅酸盐水泥分为 32.5、32.5R、42.5、42.5R 共 4 个强度等级,磷渣、镁渣硅酸盐水泥分为 32.5、32.5R、42.5、42.5R、52.5、52.5R 共 6 个强度等级。

1.6.4 铝酸盐水泥

1.定义

以钙质和铝质材料为主要原料,按适当比例配制成生料,煅烧至完全或部分熔融,并经冷却所得以铝酸钙为主要矿物组成的产物,称为铝酸盐水泥熟料,由铝酸盐水泥熟料磨细制成的水硬性胶凝材料,称为铝酸盐水

泥,代号为 CA。根据需要可以在磨制 Al_2O_3 质量分数大于 68% 的水泥时加入适量的 $\alpha-Al_2O_3$。

2.分类

铝酸盐水泥按 Al_2O_3 质量分数分为 4 个品种:

(1)CA50。50%$\leqslant$$Al_2O_3$ 质量分数$<$60%,该品种根据强度分为 CA50-Ⅰ、CA50-Ⅱ、CA50-Ⅲ、CA50-Ⅳ。

(2)CA60。60%$\leqslant$$Al_2O_3$ 质量分数$<$68%,该品种根据主要矿物成分分为 CA60-Ⅰ(以铝酸一钙为主)、CA60-Ⅱ(以铝酸二钙为主)。

(3)CA70。68%$\leqslant$$Al_2O_3$ 质量分数$<$77%。

(4)CA80。Al_2O_3 质量分数$\geqslant$77%。

3.技术性质

铝酸盐水泥呈黄、褐或灰色,其密度和堆积密度与硅酸盐水泥接近。《铝酸盐水泥》(GB/T 201)规定:其细度要求比表面积不小于 300 $m^2 \cdot kg^{-1}$ 或 45 μm 方孔筛筛余不得超过 20%。铝酸盐水泥凝结时间符合表 1.9 的要求,各龄期的强度要求见表 1.10。

表 1.9　铝酸盐水泥凝结时间

类型		初凝时间/min	终凝时间/min
CA50		$\geqslant$30	$\leqslant$360
CA60	CA60-Ⅰ	$\geqslant$30	$\leqslant$360
	CA60-Ⅱ	$\geqslant$60	$\leqslant$1 080
CA70		$\geqslant$30	$\leqslant$360
CA80		$\geqslant$30	$\leqslant$360

表 1.10　铝酸盐水泥各龄期强度

水泥类型	抗压强度/MPa				抗折强度/MPa			
	6 h	1 d	3 d	28 d	6 h	1 d	3 d	28 d
CA-50	$\geqslant$20	$\geqslant$40	$\geqslant$50	—	$\geqslant$3.0	$\geqslant$5.5	$\geqslant$6.5	—
CA-60	—	$\geqslant$20	$\geqslant$45	$\geqslant$85	—	$\geqslant$2.5	$\geqslant$5.0	$\geqslant$10.0
CA-70	—	$\geqslant$30	$\geqslant$40	—	—	$\geqslant$5.0	$\geqslant$6.0	—
CA-80	—	$\geqslant$25	$\geqslant$30	—	—	$\geqslant$4.0	$\geqslant$5.0	—

4.性能及应用

铝酸盐水泥加水后,熟料矿物迅速与水发生水化反应,生成含水铝酸一钙(CAH_{10})、含水铝酸二钙(C_2AH_8)和铝胶(AH_3),使水泥获得较高的

强度。其 1 d 强度可达 3 d 强度的 80％以上,3 d 强度即可达到普通硅酸盐水泥 28 d 的强度。但由于 CAH_{10} 和 C_2AH_8 是不稳定的,在温度高于 30 ℃的潮湿环境中,会逐渐转化为比较稳定的含水铝酸三钙(C_3AH_6),温度越高转化速度越快,并析出游离水,增大了孔隙体积。同时由于 C_3AH_6 晶体本身缺陷较多,强度较低,会降低水泥石的强度,使铝酸盐水泥混凝土的长期强度有降低的趋势。此外,铝酸盐水泥的初期水化热比较大,1 d 内即可放出水化热总量的 70％～80％。

因此,铝酸盐水泥主要用于早期强度要求高的特殊工程,如紧急军事工程、抢修工程等,也可用于寒冷地区冬季施工的混凝土工程,但不宜用于大体积混凝土工程及长期承重的结构和高温潮湿环境中的工程。

虽然铝酸盐水泥硬化时不宜在较高温度下进行,但硬化后的水泥石在高温下(1 000 ℃以上)仍能保持较高的强度。这是因为铝酸盐水泥在高温时水化物发生固相反应,以烧结结合取代了水化结合。如果采用耐火的粗、细骨料(铬铁矿等),可以配制使用温度达 1 300～1 400 ℃的耐火混凝土。

由于铝酸盐水泥水化时没有氢氧化钙生成,水化生成的铝胶使水泥石结构致密,抗渗性好,同时具有良好的抗硫酸盐侵蚀等性能,因此可用于有抗渗、抗硫酸盐要求的混凝土工程。但铝酸盐水泥的抗碱性较差,不适于有碱溶液侵蚀的工程。此外,应严禁铝酸盐水泥与硅酸盐水泥、石灰等材料混用,以免产生瞬凝现象。

1.6.5　硫铝酸盐水泥

1.定义及技术指标

以适当成分的生料,经煅烧所得以无水硫铝酸钙和硅酸二钙为主要矿物成分的熟料,掺加不同量的石灰石、适量石膏,共同磨细制成的具有水硬性的胶凝材料,称为硫铝酸盐水泥。《硫铝酸盐水泥》(GB/T 20472)规定,硫铝酸盐水泥熟料中 Al_2O_3 的质量分数应不小于 30.0％,SiO_2 的质量分数应不大于 10.5％,用于配制自应力硫铝酸盐水泥的熟料则进一步要求 Al_2O_3 与 SiO_2 的质量比应不大于 6.0。以符合要求的硫铝酸盐水泥熟料为基础,加入不同掺量的石灰石(要求 CaO 质量分数大于 50％,Al_2O_3 质量分数不大于 2.0％),所得硫铝酸盐水泥的性能有一定改变。根据其成分和性能特点,硫铝酸盐水泥可分为快硬硫铝酸盐水泥(代号为 R·SAC)、低碱度硫铝酸盐水泥(代号为 L·SAC)和自应力硫铝酸盐水泥(代号为 S·SAC),其中快硬硫铝酸盐水泥按 3 d 抗压强度分为 42.5、52.5、62.5、

72.5共 4 个强度等级,低碱度硫铝酸盐水泥按 7 d 抗压强度分为 32.5、42.5、52.5 共 3 个强度等级,自应力硫铝酸盐水泥以 28 d 自应力值分为3.0、3.5、4.0、4.5 共 4 个自应力等级。

《硫铝酸盐水泥》规定,硫铝酸盐水泥的技术性质应符合表 1.11 的规定。

表 1.11　硫铝酸盐水泥的技术性质

项　　目			类 型		
			快硬硫铝酸盐水泥	低碱度硫铝酸盐水泥	自应力硫铝酸盐水泥
比表面积/(m² · kg⁻¹)		≥	350	400	370
凝结时间/min	初凝	≥	25		40
	终凝	≤	180		240
碱度 pH		≤	—	10.5	—
28 d 自由膨胀率/%			—	0.00~0.15	—
自由膨胀率/%	7 d	≤	—	—	1.30
	28 d	≤	—	—	1.75
碱含量(Na₂O+0.658×K₂O)/%		<	—	—	0.05
28 d 自应力值增进率 /(MPa·d⁻¹)		≤	—	—	0.010

各强度等级快硬硫铝酸盐水泥和低碱度硫铝酸盐水泥的力学强度要求分别见表 1.12、表 1.13。自应力硫铝酸盐水泥所有自应力等级的水泥7 d 抗压强度要求不低于 32.5 MPa,28 d 抗压强度要求不低于 42.5 MPa,各龄期的自应力值应符合表 1.14 的要求。

表 1.12　快硬硫铝酸盐水泥各龄期强度

强度等级	抗压强度/MPa			抗折强度/MPa		
	1 d	3 d	28 d	1 d	3 d	28 d
42.5	≥33.0	≥42.5	≥45.0	≥6.0	≥6.5	≥7.0
52.5	≥42.0	≥52.5	≥55.0	≥6.5	≥7.0	≥7.5
62.5	≥50.0	≥62.5	≥65.0	≥7.0	≥7.5	≥8.0
72.5	≥56.0	≥72.5	≥75.0	≥7.5	≥8.0	≥8.5

表 1.13 低碱度硫铝酸盐水泥各龄期强度

强度等级	抗压强度/MPa		抗折强度/MPa	
	1 d	7 d	1 d	7 d
32.5	≥25.0	≥32.5	3.5	≥5.0
42.5	≥30.0	≥42.5	4.0	≥5.5
52.5	≥40.0	≥52.5	4.5	≥6.0

表 1.14 自应力硫铝酸盐水泥各龄期自应力值

级别	7 d 自应力值/MPa	28 d 自应力值/MPa	
	≥	≥	≤
3.0	2.0	3.0	4.0
3.5	2.5	3.5	4.5
4.0	3.0	4.0	5.0
4.5	3.5	4.5	5.5

2. 硫铝酸盐水泥的水化硬化特性及应用

硫铝酸盐水泥熟料中的无水硫铝酸钙水化速度快,可掺入石膏迅速发生反应,反应生成大量的钙矾石晶体和铝胶;所生成的钙矾石构建起坚硬的水泥石骨架,铝胶则填充于骨架空隙之中,浆体中的水分则因水化的进行而大量消耗,致使水泥快速发生凝结,并获得较高的早期强度。后续水化过程中,C_2S 也开始不断水化,生成水化硅酸钙凝胶和氢氧化钙晶体,可使硫铝酸盐水泥的后期强度进一步增长。因此,各类型硫铝酸盐水泥均具有早期强度高,硬化后水泥石结构致密,孔隙率低,体积稳定、不收缩甚至微膨胀,抗渗性好,碱度低,抗硫酸盐侵蚀能力强,但耐热性差等特点。

快硬硫铝酸盐水泥中石灰石掺加量不大于水泥质量的 15%,因此水泥的早期强度高,主要用于配制早强、抗渗、抗硫酸盐侵蚀的混凝土工程,也可用于冬季施工、浆锚、喷锚支护、节点、抢修、堵漏等工程;低碱度硫铝酸盐水泥中石灰石的掺加量为水泥质量的 15%～35%,因此水泥石的碱度低,主要用于制作玻璃纤维增强水泥制品。

3. 其他品种硫铝酸盐水泥

快凝快硬硫铝酸盐水泥,简称双快水泥,特点是凝结硬化快、小时强度高,同时具有微膨胀、长期强度稳定、低温下可正常硬化等优点,其具体技术指标应符合《快凝快硬硫铝酸盐水泥》(JC/T 2282)的规定。双快水泥主要用于紧急抢修工程、地下工程、隧道工程、锚喷支护、截水堵漏、公路等。

1.7 水

混凝土用水是混凝土拌和用水和混凝土养护用水的总称,包括饮用水、地表水、地下水、再生水、混凝土企业设备洗刷水和海水等。《混凝土用水标准》(JGJ 63)规定,混凝土用水的水质应符合下列要求。

1.7.1 混凝土拌和用水

(1)混凝土拌和用水的水质要求应符合表 1.15 的规定。对于设计使用年限为 100 年的结构混凝土,氯离子质量浓度不得超过 500 mg·L^{-1};对使用钢丝或经热处理钢筋的预应力混凝土,氯离子质量浓度不得超过 350 mg·L^{-1}。

表 1.15 混凝土拌和用水的水质要求

项目	预应力混凝土	钢筋混凝土	素混凝土
pH	≥5.0	≥4.5	≥4.5
不溶物/(mg·L^{-1})	≤2 000	≤2 000	≤5 000
可溶物/(mg·L^{-1})	≤2 000	≤5 000	≤10 000
Cl$^-$/(mg·L^{-1})	≤500	≤1 000	≤3 500
SO$_4^{2-}$/(mg·L^{-1})	≤600	≤2 000	≤2 700
碱/(mg·L^{-1})	≤1 500	≤1 500	≤1 500

(2)地表水、地下水、再生水的放射性应符合现行《生活饮用水卫生标准》(GB 5749)的规定。

(3)被检验水样应与饮用水样进行水泥凝结时间对比试验。对比试验的水泥初凝时间差及终凝时间差不应大于 30 min;同时,初凝和终凝时间应符合《通用硅酸盐水泥》的规定。

(4)被检验水样应与饮用水样进行水泥胶砂强度对比试验,被检验水样配制的水泥胶砂 3 d 和 28 d 强度不应低于饮用水配制的水泥胶砂 3 d 和 28 d 强度的 90%。

(5)混凝土拌和用水不应有漂浮明显的油脂和泡沫,不应有明显的颜色和异味。

(6)混凝土企业设备洗刷水不宜用于预应力混凝土、装饰混凝土、加气混凝土和暴露于侵蚀环境的混凝土;不得用于使用碱活性或潜在碱活性骨料的混凝土。

(7)未经处理的海水严禁用于钢筋混凝土和预应力混凝土。

（8）在无法获得水源的情况下，海水可用于素混凝土，但不宜用于装饰混凝土。

1.7.2　混凝土养护用水

（1）混凝土养护用水可不检验不溶物和可溶物，其他检验项目应符合本标准中"混凝土拌和用水"的（1）条和（2）条的规定。

（2）混凝土养护用水可不检验水泥凝结时间和水泥胶砂强度。

第2章 骨 料

混凝土的骨料是指在混凝土或砂浆中起骨架和填充作用的岩石颗粒等散状颗粒材料,又称集料。骨料的总体积占混凝土体积的 70% ~ 80%,在技术上,惰性、高强骨料的存在使混凝土比单纯的水泥浆具有更高的体积稳定性和更好的耐久性(良好的骨料级配可获得好的混凝土拌合物的工作性);在经济上,骨料比水泥便宜得多,作为水泥浆的廉价填充材料,使混凝土获得经济上的效益。

2.1 来 源

传统上,混凝土用骨料主要采用自然形成的各种岩石。根据成因不同,这些天然岩石可分为火成岩、水成岩和变质岩三大类。

(1)火成岩。火成岩或称岩浆岩,是指岩浆冷却后形成的一种岩石。目前已发现的火成岩达 700 多种,常见的有花岗岩、安山岩及玄武岩等,其成分以硅酸盐为主。岩浆在地下冷却固结形成的岩石称为侵入岩,根据成岩深度可进一步分为浅成岩和深成岩;通常来说,成岩位置越深,则岩石的晶粒尺寸越大,结构更为致密,强度、硬度也越高。岩浆喷出地表后迅速冷却固结成的岩石称为喷出岩或火山岩;由于冷却速度较快,因此喷出岩一般为玻璃质或者细粒的岩石,结构也相对疏松,甚至形成浮石、珍珠岩等轻质多孔岩石。

(2)水成岩。水成岩又称沉积岩,指其他岩石的风化产物和一些火山喷发物,经过水流或冰川的搬运、沉积、成岩作用形成的岩石,是地表上最为常见的岩石(可达总量的 75%)。沉积岩主要包括石灰岩、砂岩、页岩等,以页岩含量最多,但因其层状结构特点,并非全部适于拌制混凝土。

(3)变质岩。变质岩是指受到地球温度、压力、应力、化学成分等内部因素作用,发生物质成分的迁移或再结晶而形成的新型岩石,较常见的如板岩、片岩、石英岩、大理岩、蛇纹岩等。

近年来,随着天然资源的日渐匮乏以及环保意识的提高,将工业废渣、尾矿回收后直接用作混凝土骨料,或者粉碎、烧结后制成人造骨料,已经成为工业利废的重要途径之一,也是建筑业健康可持续发展的基本方向。

2.2 分 类

2.2.1 按尺寸分类

按尺寸分类是最简单、最常见的混凝土骨料分类方法。根据粒径大小不同,混凝土骨料可分为细骨料和粗骨料,粒径小于 4.75 mm 的骨料称为细骨料或砂,粒径大于 4.75 mm 的骨料称为粗骨料或石子。

1. 细骨料(砂)

混凝土的细骨料主要采用天然砂和人工砂,《建设用砂》(GB/T 14684)规定,砂的表观密度应不小于 2 500 kg·m^{-3},松散密度不小于 1 400 kg·m^{-3},空隙率不大于 44%。

天然砂是指自然生成的,经人工开采和筛分的粒径小于 4.75 mm 的岩石颗粒,包括河砂、湖砂、江沙、山砂和淡化海砂,但不包括软质岩或风化岩石的颗粒。河砂和海砂由于长期受水流的冲刷作用,颗粒表面比较圆滑、洁净,且产源较广;但海砂中常含有贝壳碎片及可溶性盐等有害杂质。山砂颗粒多具有棱角,表面粗糙,砂中含泥量及有机质等有害杂质较多。建筑工程中多采用河砂。

人工砂为机制砂和混合砂的统称。机制砂是由机械破碎、筛分制成的,粒径小于 4.75 mm 的岩石、矿山尾矿或工业废渣颗粒,其颗粒形状尖锐,棱角丰富,较洁净,但片状颗粒及细粉含量较多,成本也相对较高。混合砂则是由机制砂和天然砂混合制成的。一般在当地天然砂源匮乏时,可采用人工砂。

2. 粗骨料(石子)

《建设用卵石、碎石》(GB/T 14685)规定,粗骨料(石子)的表观密度应大于 2 600 kg·m^{-3},空隙率不大于 47%。

普通混凝土常用的粗骨料可分为碎石和卵石两类。碎石大多数是由天然岩石经破碎、筛分而得,而卵石则是由天然岩石经自然风化、崩裂、水流搬运所形成的。比较而言,碎石的表面更为粗糙,棱角多,比表面积大、孔隙率高,与水泥的黏结强度较高,因此在水灰比相同的条件下,用碎石拌制的混凝土流动性较小,但强度较高;卵石则相反,流动性大,但强度较低。

2.2.2 按加工方式分类

骨料按来源可分为天然骨料和人工骨料。

天然骨料是指自然形成的、未经任何加工处理(筛分、冲洗除外)的骨料。目前混凝土制备中所使用的天然骨料只包含天然砂和卵石,而碎石和机制砂由于采用了破碎加工,因此被习惯性归入人工骨料范畴。

人工骨料,除了碎石和机制砂之外,还包括可直接用作骨料的各种工业废渣、尾矿,以及利用天然岩石或工业废渣、尾矿烧制成的人造骨料。

2.2.3　按密度分类

按密度大小不同,混凝土骨料又可分为重骨料、普通骨料及轻骨料。其中,普通骨料的堆积密度一般为 $1\,500 \sim 1\,800\ \mathrm{kg \cdot m^{-3}}$,而堆积密度不大于 $1\,200\ \mathrm{kg \cdot m^{-3}}$ 的骨料称为轻骨料。

2.3　技术性能

骨料的技术性能包括颗粒级配与粗细程度、颗粒形态和表面特征、强度、坚固性、含泥量、泥块含量、有害物质质量分数以及碱反应活性等。这些性能指标可直接影响混凝土的施工性能和使用性能,因此必须符合《建设用砂》(GB/T 14684)、《建设用卵石、碎石》(GB/T 14685)和《普通混凝土用砂、石质量及检验方法标准》(JGJ 52)的相关规定。

2.3.1　颗粒级配

颗粒级配是指骨料中不同大小颗粒的搭配情况。如果混凝土骨料是由大小相同的颗粒所组成,其空隙率会保持在很高的水平,对于等大光滑球形颗粒来说,即使在最紧密的堆积状态下,其空隙率也达到 0.26 左右,以其为骨料配制混凝土则填充骨料空隙所需的水泥浆体积增多,对混凝土的经济性和体积稳定性不利。根据 Horsfield 填充理论,为降低骨料的空隙率,可将不同粒径的颗粒体按一定比例搭配起来:以等大光滑球体为例,在初步形成最密堆积后,根据未被固体所占据的空隙体积逐步充填适当大小的球体,从而逐步形成更为紧密的填充结构,所采用的球体半径、数量以及充填后的空隙率见表 2.1,可以看到,经 6 次分级填充后系统空隙率降低至 0.039。

需要指出的是,骨料颗粒的实际级配与 Horsfield 填充理论的前提假设存在较大出入:一方面,实际使用的骨料在形态上多种多样,即使是卵石或者天然砂也并非是理想的球形,因此空隙率相对更大;另一方面,骨料的大小也会在很大范围内连续波动,而且其粒径分布也多符合正态分布规律,即围绕某一平均粒径呈"钟形"分布,粒径越大或越小的颗粒其含量相对越少,而 Horsfield 填充理论所需颗粒大小、比例有严格规定,空间位置也是确定的。此外,Horsfield 理论有助于获得最密实的填充结构,空隙率和比表面积降低有助于提高混凝土的密实度和力学强度,节约水泥,如图2.1 所示,但从工作性角度,由于大颗粒间缺少小颗粒的"滚珠"减摩作用,影响混凝土混合料的流动性,因此混凝土生产实践中适当增大细颗粒含量仍是必要的。

表 2.1　Horsfield 填充模型

球　　序	球体半径	球数	空隙率
1 次球	1	1	0.260
2 次球	0.414	1	0.207
3 次球	0.225	2	0.190
4 次球	0.177	8	0.158
5 次球	0.116	8	0.149
最后填充球	极小	极多	0.039

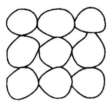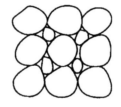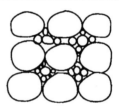

(a)同样粒径砂的堆积　　(b)两种粒径砂的搭配　　(c)三种粒径砂的搭配

图 2.1　骨料颗粒级配示意图

拌制混凝土时,细骨料(砂)的颗粒级配常用筛分法进行测定。筛分法是采用一套标准的方孔筛,筛孔尺寸依次为 4.75 mm、2.36 mm、1.18 mm、0.60 mm、0.30 mm、0.15 mm,方孔筛筛孔边长尺寸、砂公称粒径和砂筛筛孔公称直径的对照关系见表2.2。将 500 g 的干砂试样由粗到细依次过筛,然后称得余留在各筛上砂的筛余量,记为 m_1、m_2、m_3、m_4、m_5、m_6,计算各筛上的分计筛余百分率 a_1、a_2、a_3、a_4、a_5、a_6(各筛上的筛余量占砂样总量的百分率)及累计筛余百分率 A_1、A_2、A_3、A_4、A_5、A_6(各个筛和比该筛粗的所有分计筛余百分率之和),见表 2.3。

表 2.2　方孔筛筛孔边长尺寸、砂公称粒径和砂筛筛孔公称直径的对照关系

砂的公称粒径	砂筛筛孔的公称直径	方孔筛筛孔边长
5.00 mm	5.00 mm	4.75 mm
2.50 mm	2.50 mm	2.36 mm
1.25 mm	1.25 mm	1.18 mm
630 μm	630 μm	600 μm
315 μm	315 μm	300 μm
160 μm	160 μm	150 μm
80 μm	80 μm	75 μm

表 2.3　累计筛余与分计筛余的关系

筛孔尺寸/mm	筛余量/g	分计筛余百分率/%	累计筛余百分率/%
4.75	m_1	a_1	$A_1 = a_1$
2.36	m_2	a_2	$A_2 = a_1 + a_2$
1.18	m_3	a_3	$A_3 = a_1 + a_2 + a_3$
0.60	m_4	a_4	$A_4 = a_1 + a_2 + a_3 + a_4$
0.30	m_5	a_5	$A_5 = a_1 + a_2 + a_3 + a_4 + a_5$
0.15	m_6	a_6	$A_6 = a_1 + a_2 + a_3 + a_4 + a_5 + a_6$

　　砂的颗粒级配可按公称直径 630 μm 筛孔的累计筛余量(以质量百分率计,下同),分成 3 个级配区(见表 2.4),且砂的颗粒级配应处于表 2.4 中的某一区内。配制混凝土特别是泵送混凝土时,宜优先选用 Ⅱ 区砂。当采用 Ⅰ 区砂时,应提高砂率,并保持足够的水泥用量,以满足混凝土的工作性要求;当采用 Ⅲ 区砂时,宜适当降低砂率;当采用特细砂时,应符合相应的规定。

表 2.4　细骨料(砂)的颗粒级配区

公称粒径 ＼ 级配区 ＼ 累计筛余/%	Ⅰ 区	Ⅱ 区	Ⅲ 区
5.00 mm	10～0	10～0	10～0
2.50 mm	35～5	25～0	15～0
1.25 mm	65～35	50～10	25～0
630 μm	85～71	70～41	40～16
315 μm	95～80	92～70	85～55
160 μm	100～90	100～90	100～90

　　为了更直观地反映砂的颗粒级配,可根据表 2.4 中的数值,以筛孔尺寸为横坐标、累计筛余为纵坐标,绘制砂的级配曲线图(图 2.2)。测定实

际用砂的筛分曲线并将其与图 2.2 进行比较,考察砂的筛分曲线是否完全落在 3 个级配区的任一区内,即可判定该砂是否合格。同时也可根据筛分曲线的偏向情况,大致判断砂的粗细程度。

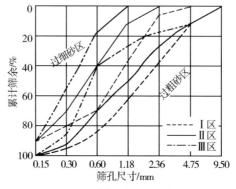

图 2.2　砂的颗粒级配曲线

混凝土用粗骨料的颗粒级配也是通过筛分试验来确定的,所采用方孔标准筛的孔径分别为 2.36 mm、4.75 mm、9.50 mm、16.0 mm、19.0 mm、26.5 mm、31.5 mm、37.5 mm、53.0 mm、63.0 mm、75.0 mm 及 90.0 mm,共 12 个。按筛分试验结果,粗骨料的颗粒级配可分为连续级配和单粒级配两种,其中连续级配是按颗粒尺寸由小到大连续分级,每级骨料都占有一定的比例,而单粒级配则是大部分颗粒粒径集中在某一种或两种粒径上。连续级配和单粒级配粗骨料的筛分结果应符合表 2.5 要求,其中累计筛余百分率的计算方法与细骨料相同。

表 2.5　粗骨料的颗粒级配范围

级配情况	公称粒径/mm	累计筛余百分率/%											
		方孔筛筛孔边长尺寸/mm											
		2.36	4.75	9.50	16.0	19.0	26.5	31.5	37.5	53.0	63.0	75.0	90.0
连续级配	5～10	95～100	80～100	0～15	0	—	—	—	—	—	—	—	—
	5～16	95～100	85～100	30～60	0～10	0	—	—	—	—	—	—	—
	5～20	95～100	90～100	40～80	—	0～10	0	—	—	—	—	—	—
	5～25	95～100	90～100	—	30～70	—	0～5	0	—	—	—	—	—
	5～31.5	95～100	90～100	70～90	—	15～45	—	0～5	0	—	—	—	—
	5～40	—	95～100	70～90	—	30～65	—	—	0～5	0	—	—	—

续表2.5

级配情况	公称粒径/mm	累计筛余百分率/%										
		方孔筛筛孔边长尺寸/mm										
		2.36	4.75	9.50	16.0	19.0	26.5	31.5	37.5	53.0	63.0	75.0	90.0
单粒级配	10~20	—	95~100	85~100	—	0~15	0	—	—	—	—	—	—
	16~31.5	—	95~100	—	85~100	—	—	0~10	0	—	—	—	—
	20~40	—	—	95~100	—	80~100	—	—	0~10	0	—	—	—
	31.5~63	—	—	—	95~100	—	75~100	45~75	—	0~10	0	—	—
	40~80	—	—	—	—	95~100	—	70~100	—	30~60	0~10	0	

连续级配颗粒级差小,颗粒上、下限粒径之比接近2,配制的混凝土混合料工作性好,不易发生离析,应用较为广泛。单粒级配,也称为间断级配,相应骨料的空隙率小,运输过程中不易发生颗粒离析,便于分级储运,但不宜单独作为粗骨料配制混凝土,一般需要通过不同的组合,配制不同要求的骨料级配以满足混凝土流动性、强度、耐久性等质量要求;此外,单粒级配骨料适用于无砂大孔混凝土、透水混凝土等。

2.3.2 粗细程度

粗细程度是指不同粒径的骨料颗粒混合在一起后的总体的粗细程度。比较而言,骨料粒径越大,则比表面积相对越小,包裹骨料表面所需的水泥浆用量减少。在一定工作性和水泥用量条件下,则能减少用水量而提高混凝土强度。因此,配制混凝土时,在保证合理颗粒级配的情况下,可适当选择粒径更大的混凝土骨料。

细骨料(砂)的粗细程度可采用细度模数 μ_f 加以定量衡量,其计算公式为

$$\mu_f = \frac{(A_2 + A_3 + A_4 + A_5 + A_6) - 5A_1}{100 - A_1} \tag{2.1}$$

根据细度模数大小,细骨料(砂)分为粗、中、细3种规格,其中粗砂的细度模数 $\mu_f = 3.7 \sim 3.1$,中砂 $\mu_f = 3.0 \sim 2.3$,细砂 $\mu_f = 2.2 \sim 1.6$,特细砂 $\mu_f = 1.5 \sim 0.7$。

粗骨料的粗细程度则主要通过最大粒径加以控制。最大粒径是指骨料公称粒径的上限,即累计筛余不大于10%的方孔筛的最大公称边长。对中低强度的混凝土,尽量选择最大粒径较大的粗骨料,但通常不宜大于

40 mm。

混凝土用粗骨料的最大粒径不得大于结构截面最小尺寸的 1/4,同时不得大于钢筋最小净距的 3/4;对于混凝土实心板,可允许采用最大粒径达 1/3 板厚的骨料,但最大粒径不得超过 40 mm。对于泵送混凝土,碎石最大粒径与输送管道内径之比宜小于或等于 1:3,一般取 25 mm;卵石宜小于或等于 1:2.5。

2.3.3 颗粒形态和表面特征

骨料颗粒形状一般有球形、多面体形、棱角形、针状和片状等多种形式,其中比较理想的是球形或正多面体形,而具有明显取向特征的针状和片状颗粒则对混凝土的工作性和强度都有不利影响。凡岩石颗粒的长度大于该颗粒所属粒级的平均粒径(即该粒级上、下限粒径的平均值)2.4 倍者为针状颗粒,厚度小于平均粒径 0.4 倍者为片状颗粒。当骨料中针、片状颗粒含量超过一定界限时,将使骨料空隙率增加,不仅影响混凝土混合料的拌和性能,而且还会不同程度地危害混凝土的强度和耐久性。混凝土用粗骨料中针、片状颗粒质量分数应符合表 2.6 的规定。

表 2.6 碎石或卵石中针、片状颗粒质量分数

混凝土强度等级	≥C60	C55～C30	≤C25
针、片状颗粒质量分数/%	≤8	≤15	≤25

骨料的表面特征主要指表面的粗糙度和孔隙特征。它们将影响骨料和水泥浆之间的黏结力,从而影响到混凝土的强度,尤其是抗折强度,对于高强混凝土的影响更为显著。一般来说,表面粗糙多孔的骨料与水泥浆的黏结力较强。反之,表面圆滑的骨料与水泥浆的黏结力较差。在水灰比较低的相同条件下,碎石混凝土较卵石混凝土的强度约高 10%。

2.3.4 强度

骨料在混凝土中起骨架支撑作用,因此必须具有足够的强度。混凝土用碎石和卵石的强度采用岩石立方体抗压强度和压碎指标两种方法检验。岩石强度首先应由生产单位提供,通常要求岩石的抗压强度应比所配制的混凝土强度至少高 20%。当混凝土强度等级大于或等于 C60 时,应进行岩石抗压强度检验。碎石立方体强度检验是将碎石的母岩制成直径和高均为 50 mm 的圆柱体或边长为 50 mm 的立方体,测其水饱和状态的抗压强度值。

混凝土工程中也可采用压碎指标值进行粗骨料质量控制。具体操作步骤是将公称粒径 10.0～20.0 mm、气干状态下的粗骨料称重后(记为 m_0)装入标准圆模内,放在压力机上在 160～300 s 内均匀加荷至 200 kN,稳定 5 s 后卸荷。倒出筒中试样,用公称直径为 2.50 mm 的方孔筛筛除被压碎的细颗粒,称出余留在筛上的试样质量 m_1,按下式计算压碎指标 δ_a(精确至 0.1%):

$$\delta_a = \frac{m_0 - m_1}{m_0} \times 100\% \tag{2.2}$$

式中　δ_a——压碎指标,%;

　　　m_0——试样的质量,g;

　　　m_1——压碎试验后筛余的试样质量,g。

压碎指标越小,表示石子抵抗受压破坏的能力越强。《普通混凝土用砂、石质量及检验方法标准》(JGJ 52)规定,碎石和卵石的压碎指标应符合表 2.7 和表 2.8 的规定。

表 2.7　混凝土用碎石的压碎指标

岩石品种	混凝土强度等级	碎石压碎指标/%
沉积岩	C60～C40	≤10
	≤C35	≤16
变质岩或深成岩	C60～C40	≤12
	≤C35	≤20
喷出岩	C60～C40	≤13
	≤C35	≤30

表 2.8　混凝土用卵石的压碎指标

混凝土强度等级	C60～C40	≤C35
压碎指标/%	≤12	≤16

2.3.5　坚固性

坚固性是指骨料在气候、环境变化或其他物理因素的作用下,抵抗破裂的能力。骨料由于干湿循环或冻融交替等作用引起体积变化导致混凝土破坏。骨料越密实、强度越高、吸水性越小,其坚固性就越高;而结构越酥松、矿物成分越复杂、结构越不均匀,其坚固性就越差。《建设用砂》(GB/T 14684)和《建设用卵石、碎石》(GB/T 14685)中规定,骨料的坚固性应采用硫酸钠溶液法进行检验,试样经 5 次循环后,其质量损失应符合

表 2.9 的规定。

表 2.9　骨料的坚固性指标

混凝土所处的环境条件及其性能要求	5 次循环后的质量损失/%	
	细骨料（砂）	粗骨料（碎石或卵石）
在严寒及寒冷地区室外使用，并经常处于潮湿或干湿状态下使用的混凝土，对于有抗疲劳、耐磨、抗冲击使用要求的混凝土，有侵蚀介质作用或经常处于水位变化区的地下结构的混凝土	≤8	≤8
其他条件下使用的混凝土	≤10	≤12

机制砂除满足坚固性外，还应满足压碎指标，见表 2.10。

表 2.10　砂的压碎指标

类别	Ⅰ	Ⅱ	Ⅲ
单级最大压碎指标/%	≤20	≤25	≤30

2.3.6　碱反应活性

碱活性骨料是指能在一定条件下与混凝土中的碱发生化学反应导致混凝土产生膨胀、开裂甚至破坏的骨料。

对于长期处于潮湿环境的重要结构混凝土，其所使用的碎石或卵石应进行碱活性检验。进行碱活性检验时，首先应采用岩相法检验碱活性骨料的品种、类型和数量。当检验出骨料中含有活性二氧化硅时，应采用快速砂浆棒法和砂浆长度法进行碱活性检验；当检验出骨料中含有活性碳酸盐时，应采用岩石柱法进行碱活性检验。

经上述检验，当判定骨料存在潜在碱—碳酸盐反应危害时，不宜用作混凝土骨料；否则，应通过专门的混凝土试验，做最后评定。

当判定骨料存在潜在碱—硅反应危害时，应控制混凝土中的碱含量不超过 $3\ kg \cdot m^{-3}$，或采用能抑制碱—骨料反应的有效措施。

2.3.7　含泥量、泥块含量

含泥量是指骨料中公称粒径小于 $80\ \mu m$ 的颗粒的含量，而泥块尺寸的规定对于粗细骨料略有不同：细骨料（砂）中泥块含量则是指公称粒径大于 $1.25\ mm$，经水洗、手捏后变成小于公称粒径 $630\ \mu m$ 的颗粒的含量；对于粗骨料(石子)来说,泥块含量是指原粒径大于公称粒径5.00 mm,经水洗、手捏后变成小于公称粒径2.50 mm的颗粒含量。泥质颗粒通常包裹在骨料颗粒表面,妨碍水泥浆与骨料的黏结,使混凝土的强度、耐久性降低。《建设用砂》(GB/T 14684)规定,Ⅰ、Ⅱ、Ⅲ类砂的含泥量按质量计应不高于1.0%、3.0%和5.0%,泥块质量分数按质量计应不高于0、1.0%和2.0%。《建设用卵石、碎石》(GB/T 14685)规定,Ⅰ、Ⅱ、Ⅲ类粗骨料的含泥量按质量计应小于0.5%、1.0%和1.5%,泥块质量分数按质量计应不高于0、0.5%和0.7%。

混凝土制备与施工过程中,为满足结构安全性需要,《普通混凝土用砂、石质量及检验方法标准》(JGJ 52)中规定,砂以及碎石或卵石中的含泥量和泥块质量分数应符合表2.11的规定。

表 2.11 砂(碎石或卵石)的含泥量和泥块质量分数

混凝土强度等级	≥C60	C55～C30	≤C25
含泥量(按质量计)/%	≤2.0(0.5)	≤3.0(1.0)	≤5.0(2.0)
泥块质量分数(按质量计)/%	≤0.5(0.2)	≤1.0(0.5)	≤2.0(0.7)

2.3.8 有害物质质量分数

配制混凝土时,要求用砂清洁、不含杂质,以保证混凝土的质量。当砂中含有云母、轻物质、有机物、硫化物及硫酸盐等有害物质时,其质量分数应符合表2.12的规定。

表 2.12 砂中有害物质的质量分数

项　　目	质量指标
云母(按质量计)/%	≤2.0
轻物质(按质量计)/%	≤1.0
硫化物及硫酸盐(折算成SO_3,按质量计)/%	≤1.0
有机物(用比色法试验)	颜色不应深于标准色,当颜色深于标准色时,应按水泥胶砂强度试验方法进行强度对比试验,抗压强度比不应低于0.95

碎石或卵石中的硫化物和硫酸盐质量分数以及卵石中有机物等有害物质的质量分数,应符合表2.13的规定。

表 2.13 碎石或卵石中的有害物质的质量分数

项 目	质量要求
硫化物及硫酸盐(折算成 SO_3,按质量计)/%	≤1.0
卵石中有机物(用比色法试验)	颜色应不深于标准色,当颜色深于标准色时,应配制成混凝土进行强度对比试验,抗压强度比应不低于 0.95

2.3.9 砂的其他指标

1. 石粉质量分数

石粉质量分数是指人工砂中公称粒径小于 80 μm,且其矿物组成和化学成分与被加工母岩相同的颗粒质量分数。过多的石粉含量妨碍水泥与骨料的黏结,影响混凝土的力学性能,但适量的石粉含量不仅可以弥补人工砂颗粒多棱角对混凝土带来的不利,还可以完善砂子的级配,提高混凝土的密实性,进而提高混凝土的综合性能,对混凝土有益。人工砂中的石粉质量分数要求可适当降低,见表 2.14。

表 2.14 人工砂中的石粉质量分数

混凝土强度等级		≥C60	C55~C30	≤C25
石粉质量分数/%	MB<1.4(合格)	≤5.0	≤7.0	≤10.0
	MB≥1.4(不合格)	≤2.0	≤3.0	≤5.0

注:MB 是指机制砂中粒径小于 75 μm 的颗粒的亚甲基蓝吸附性能

2. 氯离子质量分数

对于钢筋混凝土用砂,其氯离子质量分数不得大于 0.06%(以干砂的质量百分率计);对于预应力混凝土用砂,其氯离子质量分数不得大于 0.02%(以干砂的质量百分率计)。

3. 贝壳质量分数

海砂中贝壳质量分数应符合表 2.15 要求。

表 2.15 海砂中贝壳质量分数

混凝土强度等级	≥C60	C55~C30	C25~C15
贝壳质量分数(按质量计)/%	≤3	≤5	≤8

2.4 轻 骨 料

凡堆积密度小于或等于 1 200 kg·m^{-3} 的人工或天然多孔材料,具有一定力学强度且可以用作混凝土的骨料都称之为轻骨料,包括轻粗骨料(公称粒径大于或等于 5 mm)和轻细骨料(也称轻砂,公称粒径小于 5 mm)。

2.4.1 分类

按骨料来源不同,轻骨料可分为:①天然轻骨料,如浮石(一种火山爆发岩浆喷出后,由于气体作用发生膨胀冷却后形成的多孔岩石),经破碎成一定粒度即可作为轻质骨料。②人造轻骨料,主要有陶粒和膨胀珍珠岩等。陶粒是一种由黏土质材料(如黏土、页岩、粉煤灰、煤矸石)经破碎、粉磨等工序制成生料,然后加适量水成球,经 1 100 ℃煅烧而形成的具有陶瓷性能的多孔球粒,粒径一般为 2~20 mm,其中 5 mm 以下的为陶砂,5 mm以上的为陶粒,陶粒的宏观及微观形貌如图 2.3 所示;膨胀珍珠岩是由天然珍珠岩矿经加热膨胀而成的多孔材料,密度很小,仅为 200~300 kg·m^{-3},是一种优良的保温隔热材料,但强度较低,用作骨料时不能用于配制结构用轻质混凝土。③工业废渣轻骨料,主要有矿渣、膨胀矿渣珠、自燃煤矸石等。

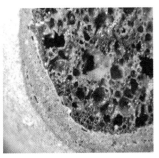

图 2.3 陶粒的宏观及微观形貌

2.4.2 技术性质

轻骨料的技术性质有颗粒级配、堆积密度、强度和软化系数等。《轻骨料及其试验方法 第一部分 轻骨料》(GB/T 17431.1)给出了相应的技术指标,《轻骨料及其试验方法 第 2 部分 轻骨料试验方法》(GB/T 17431.2)给出了相应的试验方法。轻粗骨料级配是用标准筛的筛余值控制的,而且用途不同,级配要求也不同,保温及结构保温轻骨料混凝土用的轻粗骨料,其最大粒径不宜大于 40 mm,结构轻骨料混凝土用的轻粗骨料,其最大粒径不宜大于 20 mm。轻粗骨料的级配应符合表 2.16 的要求,其自然级配的空隙率不应大于 50%。轻砂的细度模数应为 2.3~4.0,其大于 5 mm 的累计筛余量不宜大于 10%(按质量计)。

表 2.16　轻骨料的颗粒级配

轻骨料	级配类别	公称粒级/mm	各号筛的累计筛余(按质量计)/%　方孔筛孔径/mm											
			37.5	31.5	26.5	19.0	16.0	9.50	4.75	2.36	1.18	0.60	0.30	0.15
细骨料	—	0~5	—	—	—	—	—	0	0~10	0~35	20~60			
粗骨料	连续粒级	5~40	0~10	—	—	40~60	—	50~85	90~100	95~100				
		5~31.5	0~5	0~10	—	—	40~75	—	90~100	95~100				
		5~25	0	0~5	0~10	—	30~70	—	90~100	95~100				
		5~20	0	0~5	—	0~10	—	40~80	90~100	95~100				
		5~16	—	—	0	0~5	0~10	20~60	85~100	95~100				
		5~10	—	—	—	—	0	0~15	80~100	95~100				
		10~16	—	—	—	—	0	0~15	85~100	90~100				

　　轻骨料的堆积密度等级按表 2.17 划分。其实际堆积密度的变异系数:对圆球型的和普通型的轻粗骨料不应大于 0.10,碎石型的轻骨料不应大于 0.15。

表 2.17 轻骨料密度等级

轻骨料种类	密度等级		堆积密度/(kg・m⁻³)
	轻粗骨料	轻细骨料	
人造轻骨料 天然轻骨料 工业废渣轻骨料	200	—	$>100,\leqslant200$
	300	—	$>200,\leqslant300$
	400	—	$>300,\leqslant400$
	500	500	$>400,\leqslant500$
	600	600	$>500,\leqslant600$
	700	700	$>600,\leqslant700$
	800	800	$>700,\leqslant800$
	900	900	$>800,\leqslant900$
	1 000	1 000	$>900,\leqslant1\ 000$
	1 100	1 100	$>1\ 000,\leqslant1\ 100$
	1 200	1 200	$>1\ 100,\leqslant1\ 200$

轻骨料的强度不是以单粒强度来表征,而是以筒压强度和强度标号来衡量轻骨料的强度。筒压强度是指在专用承压筒内装满轻骨料,以300～500 N/s的速度匀速给冲压模加荷,以冲压模压入深度为20 mm时的压力值除以承压面积所得的强度。强度标号是指将轻骨料制成砂浆或混凝土试件,通过测定砂浆或混凝土强度而折算出的轻骨料强度。轻粗骨料的筒压强度和强度标号应不小于表2.18、表2.19中的规定值。

表 2.18 轻粗骨料的筒压强度

轻骨料种类	密度等级	筒压强度/MPa
人造轻骨料	200	0.2
	300	0.5
	400	1.0
	500	1.5
	600	2.0
	700	3.0
	800	4.0
	900	5.0

续表2.18

轻骨料种类	密度等级	筒压强度/MPa
天然轻骨料 工业废渣轻骨料	600	0.8
	700	1.0
天然轻骨料 工业废渣轻骨料	800	1.2
	900	1.5
	1 000	1.5
工业废渣轻骨料中的 自燃煤矸石	900	3.0
	1000	3.5
	1 100～1 200	4.0

表 2.19　轻骨料的筒压强度与强度标号

密度等级	筒压强度/MPa	强度标号
600	4.0	25
700	5.0	30
800	6.0	35
900	7.0	40

　　轻骨料的孔隙率很高,因此吸水率比普通骨料大得多。不同轻骨料由于孔隙率及孔特征的差别,吸水率也往往相差较多。现行标准中对轻砂和天然轻粗骨料的吸水率不做规定,其他轻粗骨料的吸水率见表2.20。此外,人造轻粗骨料和工业废渣轻粗骨料的软化系数应不小于0.8,天然轻粗骨料的软化系数应不小于0.7。

表 2.20　轻粗骨料的吸水率

轻粗骨料种类	密度等级	1 h 吸水率/%
人造轻骨料 工业废渣轻骨料	200	30
	300	25
	400	20
	500	15
	600～1 200	10
烧结工艺生产的粉煤灰陶粒	600～900	20

　　轻骨料的应用参照《轻骨料混凝土技术规程》(JGJ 51)。

第3章 化学外加剂

3.1 概　述

混凝土外加剂是混凝土中除水泥、砂、石和水以外的第五种组成部分，是一种在混凝土搅拌之前或拌制过程中加入的，用以改善新拌混凝土的工作性能和硬化混凝土的物理力学性能的材料。改善新拌混凝土的工作性能主要包括：可提高混凝土拌合物的流动性，减少拌合物用水量，使混凝土拌合物易于浇注，便于振捣；使新拌混凝土不泌水、不离析、不分层，保持混凝土匀质性，提高其可泵送性；调节混凝土的初、终凝时间，减少或延缓水泥水化放热；补偿收缩或微膨胀等。提高硬化混凝土的物理力学性能主要包括：提高混凝土的强度，包括早期及后期强度；增加混凝土的密实性；减少收缩、徐变，提高混凝土的体积稳定性；提高混凝土的抗渗性、抗冻融性，改善混凝土的耐久性；控制碱骨料反应等。混凝土中合理使用外加剂还可以取得可观的经济效益，如在保证相同强度的前提下，可减少水泥用量10%～20%；通过降低水胶比提高混凝土强度，可以缩小构筑物尺寸，减小构件自重，降低建筑成本等。

混凝土外加剂已经成为生产高性能混凝土的必要手段，它的使用可以实现混凝土的高流态、高强度、自密实、免收缩、水中不分散等特性，大大拓展了混凝土的使用范围。在混凝土中普遍使用外加剂已经成为提高混凝土强度、改善混凝土综合性能、降低生产能耗、实现环境保护等方面的最有效措施。

3.1.1 定义

根据《混凝土外加剂定义、分类、命名与术语》（GB/T 8075）的定义：混凝土外加剂是一种在混凝土拌制之前或拌制过程中加入的，用以改善新拌混凝土和（或）硬化混凝土性能且不能对人、生物、环境安全及混凝土耐久性造成有害影响的材料，应符合相关国家标准和规范的规定。该定义与原标准定义相比，更符合国家对环境保护、安全生产的要求。

3.1.2　分类

根据《混凝土外加剂定义、分类、命名与术语》(GB/T 8075),混凝土外加剂有两种分类方法。

1. 按主要组分分类

(1)化学外加剂:以无机盐或有机聚合物为主要组分,用以改善新拌和(或)硬化混凝土性能的产品。掺量一般为 0.2%~5%,主要改善混凝土的流动性能、凝结硬化速度等。

(2)矿物外加剂:具有适宜组成和特定细度的矿物类物质,用以改善新拌和(或)硬化混凝土性能的产品。掺量一般为 15%左右,主要改善混凝土的耐久性等。

2. 按主要使用功能分类

(1)改善混凝土混合料流变性能的外加剂,包括各种减水剂和泵送剂等。

(2)调节混凝土凝结时间、硬化性能的外加剂,包括缓凝剂、促凝剂和速凝剂等。

(3)改善混凝土耐久性的外加剂,包括引气剂、防水剂和阻锈剂和矿物外加剂等。

(4)改善混凝土其他性能的外加剂,包括防冻剂、膨胀剂和着色剂等。

3. 按化学成分分类

为了便于合成生产,混凝土外加剂也可以按化学成分分为以下 3 类。

(1)有机类。这类产品种类众多,大部分属于表面活性剂,多用作减水剂、引气剂等。

(2)无机类。这类产品包括各种无机盐类、一些金属单质和少量氢氧化物等,主要用作早强剂、膨胀剂、速凝剂、着色剂及加气剂等。

(3)有机无机复合类。这类物质主要用作早强减水剂、防冻剂和灌浆剂等。

3.1.3　技术性质

根据《混凝土外加剂》(GB 8076)要求,混凝土外加剂的主要技术性质如下。

1. 减水率

减水率为坍落度基本相同时基准混凝土和掺外加剂混凝土单位用水量之差与基准混凝土单位用水量之比。其计算公式为

$$W_R = \frac{W_0 - W_1}{W_0} \times 100\%$$ (3.1)

式中　W_R——减水率，%；

　　　W_0——基准混凝土单位用水量，$kg \cdot m^{-3}$；

　　　W_1——掺外加剂混凝土单位用水量，$kg \cdot m^{-3}$。

2. 泌水率比

泌水率比为掺外加剂混凝土的泌水率与基准混凝土的泌水率之比。其计算公式为

$$B_R = \frac{B_t}{B_c} \times 100\%$$ (3.2)

式中　B_R——泌水率比，%；

　　　B_t——掺外加剂混凝土的泌水率，%；

　　　B_c——基准混凝土的泌水率，%。

3. 含气量

按《普通混凝土拌合物性能试验方法标准》(GB/T 50080)用气水混合式含气量测定仪进行操作，但混凝土混合料应一次装满并稍高于容器，用振动台振实 15～20 s；具体要求参见标准。

4. 凝结时间差

掺外加剂混凝土的初凝或终凝时间与基准混凝土的初凝或终凝时间之差。其计算公式为

$$\Delta T = T_t - T_c$$ (3.3)

式中　ΔT——凝结时间差，min；

　　　T_t——掺外加剂混凝土的初凝或终凝时间，min；

　　　T_c——基准混凝土的初凝或终凝时间，min。

5. 抗压强度比

抗压强度比为掺外加剂混凝土与基准混凝土同龄期抗压强度之比。其计算公式为

$$R_S = \frac{S_t}{S_c} \times 100$$ (3.4)

式中　R_S——抗压强度比，%；

　　　S_t——掺外加剂混凝土的抗压强度，MPa；

　　　S_c——基准混凝土的抗压强度，MPa。

6. 收缩率比

收缩率比为龄期 28 d 掺外加剂混凝土与基准混凝土收缩率的比值。

其计算公式为

$$R_\varepsilon = \frac{\varepsilon_t}{\varepsilon_c} \times 100 \tag{3.5}$$

式中　R_ε——收缩率比,%;

ε_t——掺外加剂混凝土的收缩率,%;

ε_c——基准混凝土的收缩率,%。

7. 相对耐久性指标

相对耐久性指标是以掺外加剂混凝土冻融 200 次后的动弹性模量的实际保留值降低至 80% 来评定外加剂质量。

混凝土外加剂的主要技术性质(即掺外加剂混凝土的性能指标)见表 3.1。在生产过程中控制的项目有:含固量或含水量、密度、氯离子含量、细度、pH、表面张力、还原糖、总碱量(Na$_2$O+0.658K$_2$O)、硫酸钠、泡沫性能、水泥净浆流动度或砂浆减水率,其匀质性应符合《混凝土外加剂》(GB 8076)的要求。

表 3.1　掺外加剂混凝土的性能指标

项目		外加剂品种											
		高性能减水剂			高效减水剂		普通减水剂			引气减水剂	泵送剂	早强剂	缓凝剂	引气剂
		早强型	标准型	缓凝型	标准型	缓凝型	早强型	标准型	缓凝型					
减水率/%,不小于		25	25	25	14	14	8	8	8	10	12	—	—	6
泌水率/%,不大于		50	60	70	90	100	95	100	100	70	70	100	100	70
含气量/%		≤6.0	≤6.0	≤6.0	≤3.0	≤4.5	≤4.0	≤4.0	≤5.5	≥3.0	≤5.5	—	—	≥3.0
凝结时间差/min	初凝	−90~+90	−90~+120	>+90	−90~+120	>+90	−90~+90	−90~+120	>+90	−90~+120	—	−90~+90	>+90	−90~+120
	终凝													

续表3.1

项目		外加剂品种								引气减水剂	泵送剂	早强剂	缓凝剂	引气剂
		高性能减水剂			高效减水剂		普通减水剂							
		早强型	标准型	缓凝型	标准型	缓凝型	早强型	标准型	缓凝型					
1 h 经时变化量	坍落度/mm	—	≤80	≤60						—	≤80			—
	含气量/%	—	—	—						-1.5 ~ $+1.5$	—			-1.5 ~ $+1.5$
抗压强度比/%，不小于	1 d	180	170	—	140	—	135	—	—	—	—	135	—	—
	3 d	170	160	—	130	—	130	115	—	115	—	130	—	95
	7 d	145	150	140	125	125	110	115	110	110	115	110	100	95
	28 d	130	140	130	120	120	100	110	110	100	110	100	100	90
收缩率比/%，不大于	28 d	110	110	110	135	135	135	135	135	135	135	135	135	135
相对耐久性(200次)/%，不小于		—	—	—	—	—	—	—	—	80	—	—	—	80

3.1.4　选用

（1）外加剂的品种应根据工程设计和施工要求选择，通过试验及技术经济比较确定。

（2）严禁使用对人体有害、对环境产生污染的外加剂。

(3)掺外加剂混凝土所用水泥,宜采用符合《通用硅酸盐水泥》(GB 175)的水泥,并应检验外加剂与水泥的适应性,符合要求方可使用。

(4)掺外加剂混凝土所用材料,如水泥、砂、石、掺合料、外加剂均应符合国家现行的有关标准的规定。试配掺外加剂的混凝土时,应采用工程使用的原材料,检测项目应根据设计及施工要求确定,检测条件应与施工条件相同,当工程所用原材料或混凝土性能要求发生变化时,应再进行试配试验。

(5)不同品种外加剂复合使用时,应注意其相容性及对混凝土性能的影响,使用时应进行试验,满足要求方可使用。

(6)外加剂的掺量以胶凝材料总量的百分比表示,外加剂的掺量应按供货生产单位推荐掺量、使用要求、施工条件、混凝土原材料等因素通过试验确定。

(7)对含有氯离子、硫酸根离子的外加剂应符合有关规范及标准的规定。

(8)处于与水相接触或潮湿环境中的混凝土,当使用碱活性骨料时,有外加剂带入的碱含量(以当量氧化钠计算)不宜超过 $1\ kg\cdot m^{-3}$ 混凝土,混凝土总碱含量尚应符合有关标准的规定。

具体要求参见《混凝土外加剂应用技术规范》(GB 50119)。

3.2　减　水　剂

减水剂是当前外加剂中品种最多、应用最广的一种外加剂。减水剂又称塑化剂或水泥分散剂,因使用时可使新拌混凝土的用水量明显减少而得名。减水剂大多是表面活性物质,以阴离子表面活性剂为主。混凝土中掺入适量的减水剂,可在保持新拌混凝土和易性相同的情况下,减少用水量,显著降低水灰比,起到提高强度和改善抗冻性、抗渗性等一系列物理力学性能的作用。

早在 20 世纪 30 年代初,美国就使用亚硫酸盐纸浆废液制备混凝土,以改善混凝土的和易性、强度和耐久性。1937 年,美国人 Seripture 获得相关美国专利,开启了现代减水剂开发和应用的序幕。20 世纪 50～60 年代,木质素系减水剂和具有同等效果的各类减水剂的开发和研究工作逐渐发展起来。20 世纪 60 年代初,随着日本服部健一博士研制成功的萘系减水剂和联邦德国研制成功的三聚氰胺系减水剂为代表的高效减水剂的大规模应用,混凝土外加剂进入了现代科学时代。高效减水剂的研究和应用推动了混凝土向高强化、流态化和高性能发展。20 世纪 90 年代,由日本发明的聚羧酸高性能减水剂把减水剂和现代混凝土技术推向新的高度。

一般认为水泥水化所需理论水灰比为 0.20 ~ 0.25,但在混凝土的拌制、浇注和振捣过程中,必须增加用水量,使拌合物能够达到一定的工作性,以保证施工顺利进行。由此可见,混凝土实际生产过程中使用的水灰比远大于水泥水化所需要的水灰比。多余的拌和水会滞留在固化的混凝土中,随着混凝土龄期的增长而不断地从混凝土内部蒸发,在混凝土内部留下许多空隙和毛细通道,使得混凝土结构疏松,收缩增大,强度和耐久性降低。

3.2.1 作用机理

各种减水剂尽管成分不同,但均为表面活性剂,所以其减水作用机理相似。表面活性剂是具有显著改变(通常为降低)液体表面张力或二相间界面张力的物质,其分子由亲水基团和憎水基团两个部分组成。表面活性剂加入水溶液中后,其分子中的亲水基团指向溶液,憎水基团指向空气、固体或非极性液体并做定向排列,形成定向吸附膜而降低水的表面张力和二相间的界面张力,在液体中显示出表面活性作用。因此,关于减水剂的作用机理,国内外学者在胶体理论、表面化学等理论基础上提出了普遍认可的两种理论:静电斥力理论和空间位阻稳定理论。

1. 静电斥力理论

高效减水剂大多属于阴离子表面活性剂,由于水泥颗粒在水化初期,其表面带有正电荷(Ca^{2+}),减水剂分子中的负离子—SO_3^-、—COO^- 就会吸附于水泥颗粒上,形成吸附双电层,使得水泥颗粒相互排斥,防止了凝聚的产生。Zeta 电位绝对值越大,减水效果越好,这就是静电斥力理论。该理论主要是用于萘系、三聚氰胺系、脂肪族及改性木质素等传统高效减水剂。

根据静电斥力理论,当水泥颗粒因吸附减水剂而在其表面形成双电层后,相互接近的水泥颗粒会同时受到粒子间的静电斥力和范德瓦耳斯引力作用。随着 Zeta 电位绝对值的增大,粒子间逐渐以斥力为主,从而阻止了粒子间的凝聚,使水泥颗粒得以分散,体系处于稳定的分散状态,同时静电斥力还可以将水泥颗粒絮凝结构(图 3.1)包裹的游离水释放出来,用于拌合物流化。同时,减水剂分子定向吸附于水泥颗粒表面,亲水基团指向水溶液,使水泥颗粒表面的溶剂化层增厚,增加了水泥颗粒间的滑动能力,又起到了润滑作用,提高了水泥浆体的工作性,如图 3.2 所示。随着水泥水化的进行,吸附在水泥颗粒表面的高效减水剂的量逐渐减小,Zeta 电位绝对值随之降低,体系不稳定,水泥粒子趋于物理聚集,因此水泥净浆流动度和混凝土坍落度表现出经时损失性。

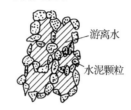

图 3.1　水泥浆的絮凝结构

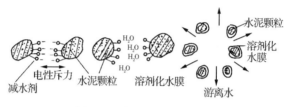

图 3.2　减水剂作用示意图

2. 空间位阻稳定理论

聚羧酸系高性能减水剂(PCE)出现后,人们发现掺有 PCE 的水泥浆体Zeta电位变化不大,但却具有比高效减水剂更好的流动度和流动度保持能力,这一现象用静电斥力理论无法解释。故此,人们引入了胶体稳定理论中的空间位阻概念,即当颗粒接近到减水剂分子吸附层并出现重叠时,会产生一种不可忽视的粒间作用力,这种作用就是位阻效应,这种稳定作用被称为空间位阻稳定作用。

PCE 分子结构中支链多且长,易于在水泥颗粒表面吸附形成庞大的立体吸附结构,尽管其饱和吸附量较小,Zeta 电位绝对值较小,但空间位阻大,能有效地防止水泥颗粒的聚集,同时易于在水泥颗粒表面形成较大的吸附区,增强吸附力。因此,聚羧酸高性能减水剂分子不易随水化的进行而脱离颗粒表面,即其吸附量随初期水化的进行而减少的幅度较小,从而有利于改善水泥净浆流动度和混凝土坍落度的保持能力。

减水剂的作用机理与其在水泥颗粒表面的吸附状态关系紧密,它们之间的关系也是减水剂合成与应用的基础,一直都是国内外学者的研究重点。减水剂的分子结构不同,它们在水泥颗粒表面的吸附形态也不相同,如图 3.3 所示。

分子结构中含有—SO_3^-基团的萘系、蒽系、三聚氰胺系及改性木质素磺酸盐系等高效减水剂主要作用特征是磺酸根基团静电斥力作用,形成双电层而改变水泥－水体系的 Zeta 电位,使水泥颗粒在静电斥力作用下分散。这些减水剂的分子结构呈棒状链,具有平面刚性,在水泥颗粒表面呈平直吸附态,如图 3.3(a)所示。这类减水剂的分散作用主要是静电斥力作用,分散效果随着体系 Zeta 电位的变化而发生变化,宏观表现为水泥净浆流动度和混凝土坍落度经时损失大。

氨基磺酸系高性能减水剂分子结构多为多支链与嵌段并存结构,在水泥颗粒表面呈环状、引线状吸附,如图 3.3(b)所示。这种吸附状态使得水泥颗粒间的静电斥力呈立体、交错纵横,水泥－水体系的 Zeta 电位经时变化小,宏观表现为水泥净浆流动度和混凝土坍落度经时损失较小。

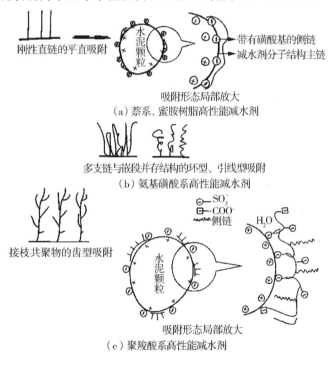

图 3.3　不同分子结构减水剂在水泥颗粒表面的吸附状态

聚羧酸系高性能减水剂分子呈梳型多支链立体结构,主链上带有多个急性较强的吸附活性基团,侧链也带有亲水性基团,且侧链较长,数量多,此类减水剂在水泥颗粒表面呈齿状吸附,如图 3.3(c)所示。这种吸附形式使得水泥颗粒表面形成较厚的立体包裹层,从而具有较大的空间位阻,有效阻滞和延长水泥水化进程,延缓水泥颗粒的物理凝聚作用,提高水泥－水体系分散性,宏观表现为水泥净浆流动度和混凝土坍落度经时损失小。

3.2.2　功效

1. 提高流动性

在不改变配合比的情况下,加入混凝土后可以明显地提高拌合物的流动性,而且不影响混凝土的强度。

2. 提高强度

在保持流动性不变的情况下,掺入减水剂可以减少拌和用水量,若不改变水泥用量,可以降低水灰比,使混凝土的强度提高。

3. 节省水泥

在保持混凝土的流动性和强度不变的情况下,可以减少水泥用量。

4. 改变混凝土性能

在拌合物中加入适量减水剂后,可以减少拌合物的泌水、离析现象;延缓拌合物的凝结时间;降低水泥水化放热速度;明显提高混凝土的抗渗性及抗冻性,使耐久性能得到提高。

3.2.3　常用减水剂

根据《混凝土外加剂》(GB 8076)中减水率的指标《混凝土外加剂定义、分类、命名与术语》(GB/T 8075)将减水剂分为普通减水剂、高效减水剂和高性能减水剂,具体分类见表 3.2。

表 3.2　减水剂分类

减水剂按其主要化学成分可分为木质素磺酸盐系、多环芳香族磺酸盐系、水溶性树脂磺酸盐系、糖钙、腐殖酸盐、聚羧酸、脂肪族及氨基磺酸盐等。

1. 普通减水剂

《混凝土外加剂定义、分类、命名与术语》(GB/T 8075)规定,在混凝土坍落度基本相同的条件下,减水率不小于 8% 的减水剂为普通减水剂。《混凝土外加剂应用技术规范》(GB 50119)规定了普通减水剂宜用于日最低气温 5 ℃ 以上强度等级为 C40 以下的混凝土,不宜单独用于蒸养混凝土。

目前,使用最广泛的普通减水剂是木质素磺酸盐,其次是多元醇类,如糖蜜、糖钙、淀粉水解物等。腐殖酸减水剂和烤胶类减水剂也有相关报道,但因资源和成本问题实际使用较少。

木质素磺酸盐是世界上使用最早的普通减水剂品种,在混凝土中的应用已有 80 年历史。目前,在我国木质素磺酸盐仍然是生产量最大、成本最低、应用最广的普通减水剂,其主要化学结构如图 3.4 所示。市场上出售的木质素磺酸盐有许多种,包括木质素磺酸钙(木钙)、木质素磺酸钠(木钠)、木质素磺酸镁(木镁)和碱木素等,其中应用最多的是木钙和木钠。木钠在较低的温度下仍有较高的溶解度,而且在溶液中的离子化率较高,因此用常量的木钠就可以得到高浓度的木钙所能达到的减水率。不过木钙原料便宜,比木钠更具经济性。

图 3.4 木质素磺酸盐减水剂的主要化学结构

木质素磺酸盐的质量以亚硫酸盐制浆法得到的产品最好。在亚硫酸盐制浆时,把木片与亚硫酸盐蒸煮,木质素发生磺化反应,转化为水溶液。根据制浆液的 pH,亚硫酸盐法可分为碱性法、中性法和酸性法。木质素磺酸盐是相对分子质量分布很宽的聚合物多分散体,相对分子质量大小受制浆时 pH 影响很大。比较而言,以酸性亚硫酸盐制浆法产生制浆废液为原料的木质素磺酸盐相对分子质量相对较高,以碱性亚硫酸盐制浆法产生制浆废液为原料的木质素磺酸盐相对分子质量相对最低。相对分子质量大小及其分布是普通减水剂质量的重要指标之一。实验研究表明:只有中等相对分子质量的木质素磺酸盐减水剂才具有较好的减水分散作用。相对分子质量过大,则缓凝作用强;相对分子质量过小,则引气作用强,特别是当超剂量使用时,会导致混凝土强度降低,甚至出现长时间不凝结硬化的现象。所以,木质素磺酸盐减水剂仅适用于掺量较低(水泥质量的0.2%~0.3%)、减水率相对较低的情况。

木质素磺酸盐是一种阴离子型表面活性剂,它能吸附在固液界面上形成界面吸附层,此吸附膜厚度约为$20×10^{-10}$ m,使界面层上的分子与介质内部分子具有不同能量。木质素磺酸盐水溶液的表面张力小于纯水溶液(1%水溶液中,表面张力为$57×10^{-3}$ N/m,而纯水为$71×10^{-3}$ N/m),说明界面能小于内部位能,因而能起到分散和起泡作用。木质素磺酸盐在水溶液中解离成有机大分子阴离子和金属阳离子。大部分阴离子吸附在水泥固体颗粒表面,使水泥粒子带负电,静电斥力使水泥颗粒分散开来。水膜还能减小粒子间的摩擦力起到润滑作用,表面张力的降低使木质素磺酸盐具有一定引气性,气泡的滚动和托浮作用也会改进固液分散体系的和易性。另外,由于木质素磺酸盐分子中存在羟基(—OH)和醚键(—O—),因而具有缓凝作用,由于缓凝在水泥水化初期可以减少结合水消耗而增加和易性。总之,由于木质素磺酸盐的分散性、引气性和缓凝性能起到改善混凝土性能的作用,这就是木质素磺酸盐类减水剂的特点。

标准型普通减水剂是指对混凝土凝结时间没有显著影响的普通减水剂,一般应用在适宜的施工环境及对混凝土凝结时间无特殊要求的使用条件下。

早强型普通减水剂是指兼有早强和减水功能的普通减水剂。早强型普通减水剂宜应用于常温、低温和最低温度不低于-5 ℃环境中施工的有早强要求的混凝土工程。炎热环境条件下,不宜使用早强型普通减水剂。在日最低气温0~-5 ℃条件下施工时,混凝土养护应加盖保温材料。木质素磺酸盐可与三乙醇胺、氯化钙、硝酸盐、硫氰酸盐、甲酸盐等简单混合制备早强型木质素磺酸盐减水剂。如33%的氯化钙和4%的木质素磺酸钙(质量比),或在木质素磺酸盐中掺入约为木质素磺酸盐质量分数15%的三乙醇胺。

缓凝型普通减水剂是指兼有缓凝和减水功能的普通减水剂。缓凝型普通减水剂可用于大体积混凝土、碾压混凝土、炎热气候条件下施工的混凝土、大面积浇注的混凝土、避免冷缝产生的混凝土、需要长时间停放或长距离运输的混凝土、滑模施工或拉模施工的混凝土及其他需要延缓凝结时间的混凝土,不宜用于有早强要求的混凝土。纯度不高的木质素磺酸盐中经常含有一定量的糖分,特别是六碳糖(多羟基醛),所以对水泥的水化有阻滞作用。为此,可将糖分含量高的木质素磺酸盐用于生产缓凝型木质素磺酸盐减水剂。

引气型普通减水剂是指兼有引气和减水功能的普通减水剂。不纯的木质素磺酸盐,尤其是源于硬木材的木质素磺酸盐,其中含有的松香成分会赋予木质素磺酸盐减水剂引气性。同时,相对分子质量过小的木质素磺酸盐也表现出一定的恶引气效果,但其引气效果并不能完全满足混凝土对含气量的要求。因此,在生产普通型减水剂时,可加入一定量的引气剂(如十二烷基磺酸钠、脂肪酸皂类等)来制备引气型木质素磺酸盐减水剂。

2. 高效减水剂

《混凝土外加剂定义、分类、命名与术语》(GB/T 8075)规定,在混凝土坍落度基本相同的条件下,减水率不小于 14%的减水剂为高效减水剂。

《混凝土外加剂应用技术规范》(GB 50119)规定高效减水剂可用于素混凝土、钢筋混凝土、预应力混凝土,并可用于制备高强混凝土。标准型高效减水剂宜用于日最高气温 0 ℃以上施工的混凝土,也可用于蒸养混凝土。缓凝型高效减水剂宜用于日最高气温5 ℃以上施工的混凝土。缓凝型高效减水剂可采用缓凝剂与高效减水剂复合制备,用于大体积混凝土、碾压混凝土、炎热气候条件下施工的混凝土、大面积浇注的混凝土、避免冷缝产生的混凝土、需要长时间停放或长距离运输的混凝土、自密实混凝土、滑模施工或拉模施工的混凝土及其他需要延缓凝结时间且有较高减水率要求的混凝土。

不同于普通减水剂,高效减水剂具有较高的减水率,没有严重的缓凝及引气过度等问题,也被称为超塑化剂、超流化剂。高效减水剂品种较多,主要有:萘系减水剂、氨基磺酸盐系减水剂、脂肪族(醛酮缩合物)减水剂、密胺系及改性密胺系减水剂、蒽系减水剂、洗油系减水剂。前 3 种在我国应用较多,密胺系及改性密胺系减水剂由于三聚氰胺价格较高,国内使用较少,德国等欧洲国家使用较多。蒽系与洗油系减水剂由于原材料来源和产品引气多不好控制等因素,在国内混凝土领域应用不多,主要用于水煤浆分散剂。

(1)萘系高效减水剂。

萘系高效减水剂通常被称为第一代高效减水剂,其主要成分为 $\beta-$萘磺酸甲醛缩合物,化学名称为聚次甲基萘磺酸盐,分子结构如图 3.5 所示。

$\beta-$萘磺酸甲醛缩合物属于阴离子表面活性剂,最初用作染料分散剂,有悠久的历史。1913 年德国巴斯夫公司(BASF)首先申请将萘磺酸甲醛缩合物用作分散剂的专利。萘磺酸盐用作水泥分散剂于 1938 年在美国取得专利,这是萘系高效减水剂的前身。将 $\beta-$萘磺酸甲醛缩合物用作混凝

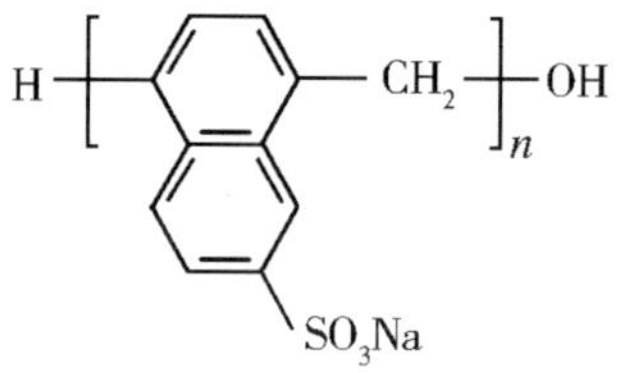

图 3.5　萘系减水剂分子结构

土高效减水剂的研究始于 20 世纪 60 年代,即 1962 年日本花王石碱公司的服部健一博士研制成功以 β-萘磺酸甲醛缩合物为主要成分的高效减水剂,此后世界各国就其性能改进做了大量研究,并于 20 世纪 70 年代开始大规模使用。

萘系高效减水剂是以萘及萘的同系物为原料,经浓硫酸磺化、水解、甲醛缩合、用氢氧化钠或部分氢氧化钠和石灰水中和,中和后即可得到萘系高效减水剂液态产品,将液态产品经喷雾干燥即可制得粉末状产品。根据硫酸盐含量的不同,萘系高效减水剂产品可分为高浓型和普通型(低浓型)两类。采用氢氧化钠中和法制得的粉状产品中硫酸钠质量分数通常在 20% 左右,称为普通型产品;若中和时先用适量石灰乳中和残余硫酸,再用氢氧化钠中和缩合物,则可得到硫酸钠质量分数在 5% 以下的高浓型产品。对于碱含量相对较高的水泥,普通型产品的使用效果优于高浓型产品。

萘系高效减水剂具有较强的固-液界面活性作用,其吸附在水泥颗粒表面后,能使水泥颗粒的 Zeta 电位绝对值增大,因此萘系高效减水剂分散减水作用机理是以静电斥力作用为主,兼有其他作用力;萘系减水剂的气-液界面活性小,几乎不降低水的表面张力,因而起泡作用小,对混凝土几乎无引气作用;不含羟基、醚基等亲水性强的极性基团,对水泥无缓凝作用。

萘系高效减水剂掺量为水泥质量的 0.3%~0.8%,最佳掺量为 0.5%~0.8%,减水率为 15%~25%。在混凝土中掺入萘系高效减水剂,在水泥用水量及水灰比相同的情况下,混凝土坍落度随着其掺量的增加而明显增大,但混凝土的抗压强度并不降低。在保持水泥用量及坍落度值相同的条件下,减水率及混凝土抗压强度将随减水剂掺量的增大而增大,开始时增大速度较快,但当掺量达到一定值后,增大速度则迅速降低。

萘系减水剂对不同品种水泥的适应性强,可配制早强、高强和蒸养混凝土,也可配制免振捣自密实混凝土。萘系高效减水剂用于减少混凝土用水量而提高强度或节约水泥时,混凝土收缩值小于不掺的空白混凝土。同时,萘系高效减水剂对混凝土徐变的影响与对收缩影响的规律相同,只是当掺高效减水剂而不节约水泥时,抗压强度明显提高,而徐变明显减小。另外,萘系高效减水剂不仅能显著提高混凝土的抗渗性能,而且对抗冻性能、抗碳化性能均有所提高。

萘系高效减水剂在实际应用中存在坍落度损失过快、混凝土易发黏等问题,直接影响其使用效果,尤其是对于集中搅拌的商品混凝土。因此,有效控制坍落度损失是萘系高效减水剂复配、改性研究的重点。

(2)氨基磺酸盐系减水剂。

氨基磺酸盐系减水剂,主要成分是氨基芳基磺酸—苯酚—甲醛缩合物,是一种非引气型高效减水剂,具有多支链、疏水基链短、极性较强等结构特点。由于该类减水剂的分子结构中含有大量的磺酸基($-SO_3M$)、氨基($-NH_2$)、羟基($-OH$)等活性基团,因此对水泥—水体系具有较好的减水分散作用,减水率可达 30%,而且分散保持性能好,其分子结构如图3.6 所示。

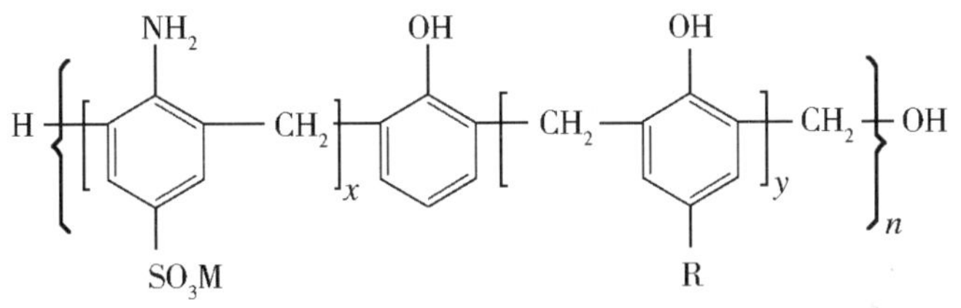

$$R-H、-CH_2OH、-CH_2NHC_6H_4SO_3 \text{ 或} -CH_2C_6H_4OH$$

图 3.6　氨基磺酸盐系减水剂分子结构

1984 年,Papalos 等发明了芳烷基苯酚磺酸或芳基苯酚磺酸与甲醛的缩合物,并将其用作减水剂,才能算作氨基磺酸系高效减水剂应用的真正开始。古桥隆宏等将氨基芳基磺酸、苯酚和甲醛缩合物用作减水剂,发现它不但具有较强的分散性能,而且在保持混凝土坍落度方面比萘系减水剂强很多,从此氨基磺酸系高效减水剂的研究迅速活跃起来。国内于 20 世纪 90 年代开始研究并应用。

氨基磺酸盐系减水剂是质量分数为 25%～55% 的棕红色液体产品以及浅黄褐色粉末状粉剂,其掺量低于萘系减水剂。按有效成分计算,氨基磺酸盐系减水剂掺量一般为 0.5%～1%(占胶凝材料的质量),最佳掺量为0.5%～0.75%,在此掺量下,减水率为 20%～30%。

氨基磺酸盐系减水剂在水泥颗粒表面呈环状、引线状和齿轮状吸附,能显著降低水泥颗粒表面的 Zeta 电位,因此其分散减水作用仍以静电斥力为主,同时由于具有强亲水基团羟基,能使水泥颗粒表面形成较厚的水化膜,故具有较强的水化膜润滑分散减水以及缓凝作用。氨基磺酸盐系减水剂无引气作用,具有显著的早强和增强作用,掺有该类减水剂的混凝土比掺有萘系的混凝土早期强度增长更快。掺该类减水剂的混凝土,在初始流动性相同的条件下,混凝土坍落度经时损失明显低于掺萘系减水剂的混凝土,但与其他高效减水剂相比,当掺量过大时,混凝土更易泌水。

(3)脂肪族减水剂。

脂肪族减水剂是以羰基化合物为主要原料,缩合得到的一种高分子聚合物,又称为磺化丙酮甲醛树脂或醛酮缩合物。

脂肪族减水剂的结构特点是憎水基主链为脂肪族的烃类,而亲水基主要为—SO_3H、—$COOH$、—OH 等,其分子结构如图 3.7 所示。

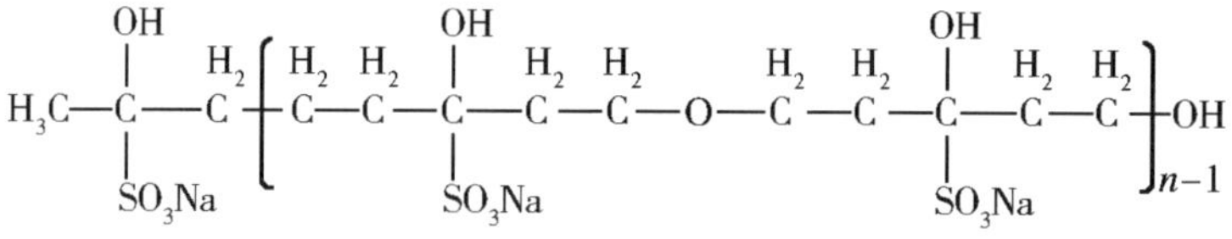

$$H_3C-\underset{\underset{SO_3Na}{|}}{\overset{\overset{OH}{|}}{C}}-\underset{}{\overset{H_2}{C}}\left[\underset{}{\overset{H_2}{C}}-\underset{}{\overset{H_2}{C}}-\underset{\underset{SO_3Na}{|}}{\overset{\overset{OH}{|}}{C}}-\underset{}{\overset{H_2}{C}}-\underset{}{\overset{H_2}{C}}-O-\underset{}{\overset{H_2}{C}}-\underset{}{\overset{H_2}{C}}-\underset{\underset{SO_3Na}{|}}{\overset{\overset{OH}{|}}{C}}-\underset{}{\overset{H_2}{C}}-\underset{}{\overset{H_2}{C}}\right]_{n-1}OH$$

图 3.7　脂肪族减水剂分子结构

脂肪族减水剂的成品一般为红棕色液体,具有一定黏性,固含量为 35%～40%,同掺量下流动度高于萘系高效减水剂。在配制高强流态混凝土时,掺脂肪族减水剂对早期强度的增长非常有利。一般 3 d 强度可达到 28 d 强度的 70%～80%,7 d 强度可达到 28 d 强度的 80%～90%。

脂肪族减水剂应用的主要问题在于混凝土坍落度损失较大,需要通过复配其他化学品改进;掺有脂肪族减水剂的混凝土表面颜色较深,影响外观,限制了其广泛应用。

(4)三聚氰胺系减水剂。

三聚氰胺系减水剂,也称为密胺系减水剂,是以三聚氰胺、甲醛、亚硫酸氢钠为主要原料,在一定条件下经羟甲基化、磺化、缩聚而成的一种外加剂,别名三聚氰胺磺酸盐甲醛缩合物,分子结构如图 3.8 所示。

三聚氰胺系减水剂也是一种阴离子表面活性剂,此类减水剂与萘系减水剂相近,减水率可达 25%,早强效果显著,基本不影响新拌混凝土凝结时间和含气量,能够显著提高硬化混凝土耐久性;对水泥品种适应性强,与其他外加剂的相容性好,特别适用于高强混凝土及以蒸养工艺成型的预制混凝土。但三聚氰胺减水剂的生产成本较高,因此应用和发展受到一定的限制。

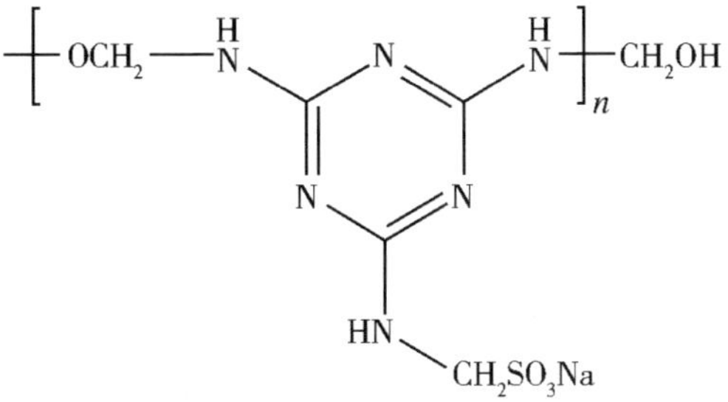

$$\left[OCH_2 - \overset{H}{N} - \left\langle \text{三嗪环} \right\rangle - \overset{H}{N} \right]_n CH_2OH$$

图 3.8　三聚氰胺系减水剂分子结构

3. 高性能减水剂

《混凝土外加剂定义、分类、命名与术语》(GB/T 8075)规定,在混凝土坍落度基本相同的条件下,减水率不小于 25%、坍落度保持性能好、干燥收缩小,且具有一定引气性能的减水剂为高性能减水剂。

高性能减水剂是国内外近年来开发的新型外加剂品种,目前主要为聚羧酸盐类产品。它具有"梳状"的结构特点(图 3.9),由带有游离的羧酸阴离子团的主链和聚氧乙烯基侧链组成,改变单体的种类、比例和反应条件可生产出具有各种不同性能和特性的高性能减水剂。标准型、早强型、缓凝型和减缩型高性能减水剂可由分子设计引入不同功能团而生产,也可掺入不同组分复配而成。

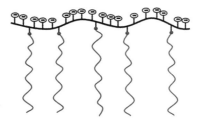

图 3.9　聚羧酸减水剂的梳型结构

(1)聚羧酸高性能减水剂的主要特点。

①掺量低(按照固体含量计算,一般为胶凝材料质量的 0.15%～0.25%),减水率高;

②混凝土混合料工作性及工作性保持性较好;

③外加剂中氯离子和碱含量较低;

④用其配制的混凝土收缩率较小,可改善混凝土的体积稳定性和耐久性;

⑤对水泥的适应性较好;

⑥生产和使用过程中不污染环境,是环保型的外加剂;

⑦可用于高强超高强特种混凝土,如 150 MPa 超高强流动性混凝土等;

⑧分子结构变化自由度大,原材料品种多样,实现分子设计成为可能性。

具体技术指标参见《聚羧酸系高性能减水剂》(JG/T 223)和《公路工程聚羧酸系高性能减水剂》(JT/T 769)。

(2)聚羧酸高性能减水剂的种类。

聚羧酸高性能减水剂主要分为两类:酯类聚羧酸高性能减水剂和醚类聚羧酸高性能减水剂。

①酯类聚羧酸高性能减水剂。

酯类聚羧酸高性能减水剂的合成分为两步,首先通过甲基丙烯酸和聚乙二醇单甲醚进行酯化反应,制备酯化大单体,然后将大单体与丙烯酸、甲基烯丙基磺酸钠等单体进行水溶解自由基聚合,制得棕色减水剂产品,分子结构如图 3.10 所示。由于反应需要两步,生产成本较高,减水率较低,目前酯类减水剂在市场应有较少。

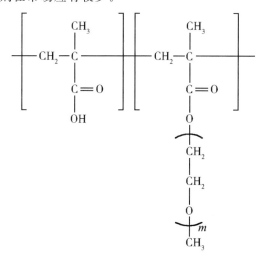

图 3.10 酯类聚羧酸高性能减水剂分子结构

②醚类聚羧酸高性能减水剂。

醚类聚羧酸高性能减水剂是通过丙烯酸、甲基丙烯酸或马来酸酐等小分子功能单体与不饱和聚醚进行自由基共聚得到无色或淡黄色透明液体,目前使用较广的醚类聚羧酸减水剂主要有 4 种,其分子结构如图 3.11 所示。

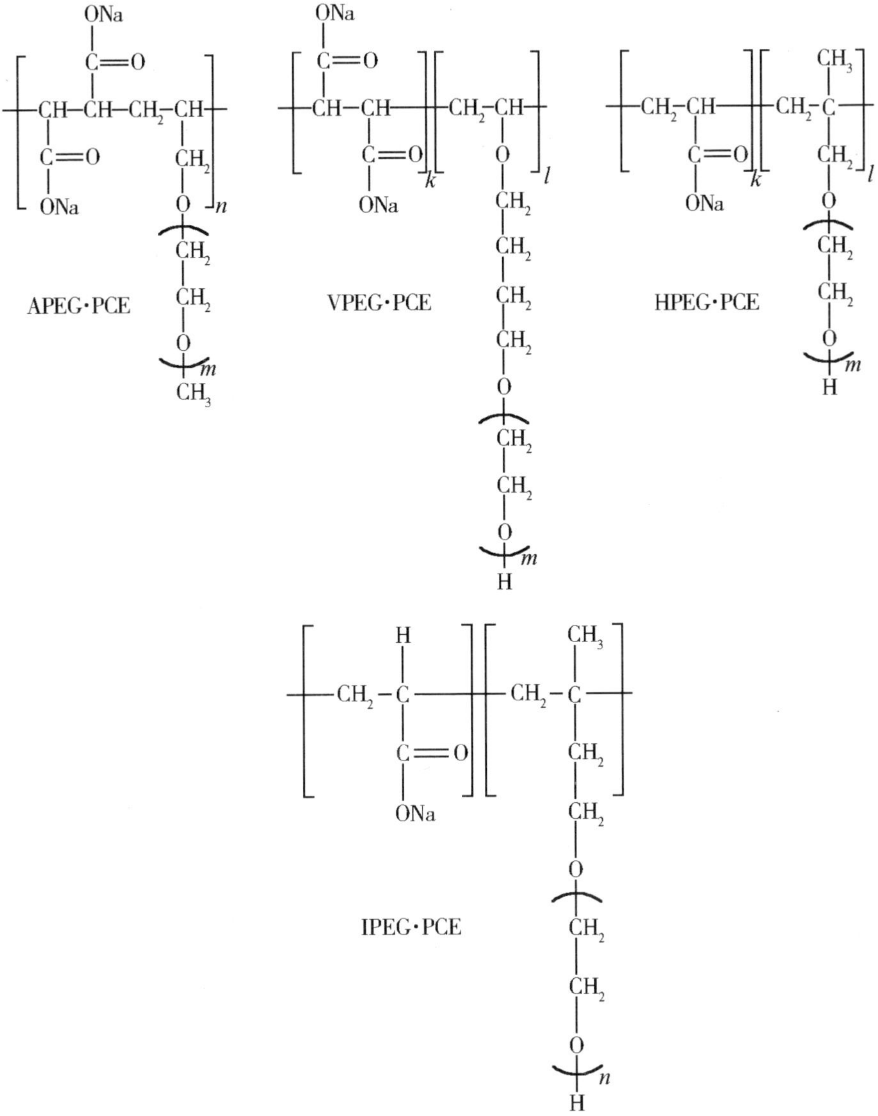

图 3.11 醚类聚羧酸高性能减水剂分子结构

3.3 引 气 剂

引气剂是指在搅拌混凝土过程能引入大量均匀分布、稳定而封闭的微小气泡的外加剂。引气剂宜用于有抗冻融要求的混凝土、泵送混凝土和易产生泌水的混凝土。适宜掺量为 0.002％～0.005％。

3.3.1　作用机理

引气剂也是表面活性物质,其界面活性作用与减水剂基本相同,区别在于减水剂的界面活性作用主要发生在液－固界面上,而引气剂的界面活性作用主要发生在气－液界面上。当搅拌混凝土拌合物时,会混入一些气体,掺入的引气剂溶于水中被吸附于气－液界面上,形成大量微小气泡。由于被吸附的引气剂离子对液膜的保护作用,因而液膜比较牢固,使气泡能稳定存在。这些大小均匀(直径为 20～100 mm)的气泡,在拌合物中均匀分散,互不连通,可使混凝土的很多性能得到改善。

3.3.2　功效

1. 改善和易性

在拌合物中,微小独立的气泡可起滚珠轴承作用,减少颗粒间的摩擦阻力,使拌合物的流动性大大提高。若使流动性不变,可减水 10％ 左右,由于大量微小气泡的存在,使水分均匀地分布在气泡表面,从而使拌合物具有较好的保水性和黏聚性。

2. 提高耐久性

混凝土硬化后,由于气泡隔断了混凝土中的毛细管渗水通道,改善了混凝土的孔隙特征,从而可显著提高混凝土的抗渗性和抗冻性,对抗侵蚀性也有所提高。

3. 对强度及变形的影响

气泡的存在使混凝土的弹性模量略有下降,这对混凝土的抗裂性有利,但是气泡也减少了混凝土的有效受力面积,从而使混凝土的强度及耐磨性降低。一般,含气量每增加 1％,混凝土的强度下降 3％～5％。

引气剂多用于道路、水坝、港口、桥梁等有抗渗、抗冻要求的混凝土工程中。

3.3.3　常用引气剂

目前使用最多的是松香类、烷基苯磺酸盐类、皂甙类、脂肪醇磺酸盐类、其他类等。

1. 松香类引气剂

松香类引气剂是以松香为主要原料,经过各种改性工艺生产的混凝土引气剂。松香的化学结构复杂,含有松脂酸类、芳香烃类、芳香醇类、芳香醛类及氧化物等。

目前,市场上生产供应的松香类引气剂主要有松香皂引气剂和松香热聚物引气剂。

(1)松香皂引气剂。

松香皂引气剂的主要成分是松香酸钠($C_{19}H_{29}COONa$),是由松香酸皂化生成的,皂化反应比较简单,且易于控制,是非常典型的酸碱中和反应。松香皂引气剂的引气性能比较优越,但这种产品的水溶性较差,且与其他外加剂的配伍性能不是很好,制备出的混凝土强度较低。

(2)松香热聚物引气剂。

将松香与苯酚、硫酸等以适当比例混合投入反应釜,在 $70\sim80$ ℃反应 6 h 后得到的钠盐缩聚物即为松香热聚物引气剂。松香皂引气剂和松香热聚物引气剂所用的主要原料虽然相同,但它们的各项性能却有一定差异。一般来说,松香皂引气剂的起泡量比松香热聚物引气剂多,但消泡快,如做消泡试验对比可以发现,松香皂引气剂可能半小时就会无泡,而松香热聚物引气剂则在 $7\sim8$ h 后才会出现无泡状态;松香热聚物引气剂的减水率较高,相同掺量时,混凝土强度损失较小,但其水溶性较差,使用起来不如松香皂引气剂方便。因为松香热聚物引气剂的生产成本较高,不利于市场竞争,且生产过程中需使用苯酚,也不利于环境保护,因此其推广受到限制,目前用量越来越少。

2. 烷基苯磺酸盐类引气剂

许多合成洗涤剂均属此类,主要有烷基苯磺酸钠和烷基硫酸钠,一般将烷基苯用浓硫酸、发烟硫酸或液体三氧化硫磺化而成。烷基苯磺酸盐类引气剂是比较常用的、成本低且易制得的阴离子型表面活性剂,其代表产品是十二烷基苯磺酸钠。烷基苯磺酸盐发泡速度很快,可以瞬间起泡,泡沫量大而丰富,但其稳泡性能很差,气泡发起后,细小气泡很快融合成较大气泡,并且可能在几分钟内全部消失,即使掺入一定量的稳泡剂或采取其他稳泡措施,稳泡性能仍得不到明显改善。

3. 皂苷类引气剂

皂苷类引气剂最初来自多年生乔木皂荚树果实皂角或皂荚中含有的一种辛辣刺鼻的提取物,主要成分为三萜皂苷,具有良好的引气性能。三萜皂苷由苷基、苷元和单糖基组成,每个苷基由 2 个相连接的苷元组成,一般情形下 1 个苷元又可连接 3 个或 3 个以上单糖,从而形成一个较大的五环三萜空间结构。单糖基中的单糖具有很多羟基,这些羟基能与水分子形成氢键,因此具有很强的亲水性。皂苷类引气剂相对分子质量较大,形成气泡的膜较厚、气泡表面的黏弹性和强度较高,因而其稳泡能力较强。皂荚苷类引气剂水溶性好,掺入混凝土后引入的气泡细小、稳定、结构良好,因而混凝土强度损失小。其与各种减水剂的配伍性能也很好,可应用于各类混凝土工程中。但是,这类引气剂的起泡性能较弱,因而使用时需较高掺量。

4. 脂肪醇磺酸盐类引气剂

脂肪醇磺酸盐类引气剂主要有脂肪醇聚氧乙烯醚、脂肪醇聚氧乙烯磺酸钠和脂肪醇硫酸钠等。脂肪醇聚氧乙烯醚简称醇醚,是非离子型表面活性剂中发展较快、用量较大的品种。与阴离子表面活性剂相比,醇醚发泡能力虽然较差,但稳泡性能较好,原因在于所引气泡泡膜比较密实,不易破裂。醇醚是各种同分异构体的总称,是环氧乙烷加成而得的多种聚氧乙烯醚的混合物,主要可分为十醇聚氧乙烯醚、十一醇聚氧乙烯醚和十三醇聚氧乙烯醚等。用亚硫酸钠和亚硫酸氢钠混合物作为磺化剂,在高温高压下,醇醚可以转化成脂肪醇聚氧乙烯磺酸钠,其发泡性和稳泡性都比较好。

5. 其他引气剂

除了上述引气剂外,蛋白质盐、石油磺酸盐和一些具有较强引气性能的减水剂等都可作为混凝土引气剂使用。其中,石油磺酸盐是精制石油的副产品,在生产轻油的过程中,用硫酸处理后的石油留下的残渣中含有水溶性磺酸盐,这种磺酸盐使用氢氧化钠中和后即可得到石油磺酸盐类引气剂。如果用三乙醇胺来中和,就得到了另一种类型的产品,即磺化的碳氢化合物有机盐,它也可作为引气剂使用。改性木质素磺酸盐和聚烷基芳基磺酸盐是具有较强引气性能的减水剂,有时也被用作混凝土引气剂,但掺量较大,引入的气泡结构也不理想。

3.4　发　泡　剂

泡沫混凝土是将搅拌成泡沫的发泡剂以及水和外加剂加到基体材料中,然后进行混合搅拌、浇注成型以及养护所得到的一种轻质、多孔混凝土材料。泡沫混凝土生产方式分为物理发泡和化学发泡两类。国家建材行业标准《泡沫混凝土用泡沫剂》(JC/T 2199)适用范围只包括物理发泡用泡沫剂,而不包括化学发泡用发泡剂。泡沫剂是指溶于水后能降低液体表面张力,通过物理方法产生大量均匀而稳定的泡沫,可用于制备泡沫混凝土的外加剂。泡沫混凝土用泡沫剂专指适用于制作发泡水泥、泡沫混凝土和泡沫轻质土等混凝土材料的专用发泡剂。

3.4.1　作用机理

　　混凝土发泡剂的发泡原理主要是表面活性剂或者表面活性物在溶剂水中形成一种双电子层的结构，包裹住空气形成气泡。表面活性剂和表面活性物的分子微观结构由性质截然不同的两部分组成，一部分是与油有亲和性的亲油基（也称憎水基），另一部分是与水有亲和性的亲水基（也称憎油基）。因为表面活性剂或表面活性物具备这种结构特点，表面活性剂和表面活性物溶解于水中后，亲水基受到水分子的吸引，而亲油基则受到水分子的排斥。为了克服这样的不稳定状态，表面活性剂或者表面活性物只有占据到溶液的表面，亲油基伸向气相中，亲水基深入到水中。混凝土发泡剂溶于水后，经机械搅拌引入空气形成气泡，再由单个的气泡组成泡沫。

3.4.2　技术性质

　　《泡沫混凝土用泡沫剂》（JC/T 2199）中规定主要性能指标及测试方法如下：

　　（1）发泡倍数。即泡沫体积与发泡剂水溶液体积的比值，要求发泡剂发泡倍数大于等于 20 倍。

　　发泡剂的发泡倍数测定方法是将已制成泡沫注满容积为 250 mL、直径为 60 mm 的无底玻璃桶内，两端刮平，称其质量。发泡倍数 M 可按以下公式计算：

$$M = \frac{V \cdot P_r}{G - G_1}$$

式中　M——发泡倍数；

　　　V——玻璃筒容积，cm^3；

　　　P_r——泡沫剂水溶液密度，$g \cdot cm^{-3}$；

　　　G_1——玻璃筒质量，g；

　　　G——玻璃筒和泡沫质量，g；

　　（2）沉降距。泡沫柱在单位时间内沉陷的距离。泡沫的沉降距（1 h）小于等于 10 mm。

　　（3）泌水量。单位体积的泡沫完全消失后所分泌出的水量。泡沫的泌水量小于等于 20 mL。

3.4.3　常用发泡剂

发泡剂按其发泡原理,可以分为两大类:物理发泡剂和化学发泡剂。应用于泡沫混凝土中的发泡剂种类很多,主要有:松香树脂类发泡剂、蛋白类发泡剂、合成类发泡剂和复合类发泡剂。

1. 松香树脂类发泡剂

松香树脂类发泡剂又称为引气剂,主要原料是松香,是应用比较早的混凝土发泡剂。其主要表现形式是松香皂发泡剂和松香热聚物发泡剂。松香皂发泡剂生产比较简单,成本比较低,泡沫稳定性与发泡倍数较差,但与水泥的相容性较好。一般适用于要求密度较大的泡沫混凝土,即适用于密度在 $600\ kg \cdot m^{-3}$ 以上的高密度泡沫混凝土,所以松香皂发泡剂属于低档次发泡剂,通常用于对泡沫混凝土要求不高的地方。松香热聚物发泡剂与松香皂类发泡剂相比,在市场上用量较少,主要是因为松香热聚物发泡剂与松香皂类发泡剂性能相差无几,但价格却较高,而且含有有毒的苯酚,对生产与环境都会造成一定的影响。

2. 蛋白类发泡剂

蛋白类发泡剂属于高档发泡剂,主要原因是原材料有限。其特点是泡沫的稳定性好,发泡倍数高,长时间不消泡(完全消泡时间在 24 h 以上),但发泡能力却低于阴离子表面活性剂。蛋白类发泡剂有动物蛋白和植物蛋白两种。

动物蛋白发泡剂根据蛋白的来源主要分为 3 种,即动物蹄角、发毛与血胶。其长时间不消泡,发出的泡相对比较稳定,但原材料相对比较匮乏,加之动物蛋白容易腐烂变质,会带有刺激性气味,目前尚无技术去除。因此,产量也相对较低,一般适合使用于密度为 $200\sim500\ kg \cdot m^{-3}$ 的超低密度混凝土。植物蛋白类发泡剂主要有茶皂素与皂角苷发泡剂。相比于动物蛋白发泡剂所产生的泡沫具有优异的稳定性且长时间不消泡,气泡强度高、气泡壁弹性较高,并且发泡剂的稳定性及发泡能力受外界因素影响很小,对使用条件要求不苛刻,市场上更容易接受。

3. 合成类发泡剂

合成类发泡剂种类很多,然而性能优异的并不多,最主要原因是合成类发泡剂的泡沫稳定性较差,并不适合低密度泡沫混凝土使用。目前,市场上使用较多的是阴离子表面活性剂和非阴离子表面活性剂两种合成类发泡剂。

合成类发泡剂阴离子表面活性剂主要为十二烷基苯磺酸钠,优点是合成工艺简单,表面活性良好,起泡速率快,泡沫量大,在较低的浓度下也有较高的发泡能力。缺点是泡沫稳定性较差,泡沫起得快,消得也快。非离子型表面活性剂产量较少,优点是起泡液膜比较密实坚韧,不易破裂;缺点是发泡能力低于阴离子型表面活性剂。从长远看,阴离子表面活性剂更有广阔的市场前景。

4. 复合类发泡剂

复合类发泡剂主要由稳泡剂和起泡剂组成。稳泡剂主要通过增加液膜强度、黏度来降低泡沫破碎速率,从而起到稳泡效果。稳泡剂主要有以下几种:大分子物质、硅树脂聚醚乳液类(MPS)、脂肪族类。大分子物质如聚乙烯醇、聚丙烯醇、蛋白、多态纤维素、淀粉等,使用效果有限,操作相对复杂,发泡量低。MPS 稳泡剂优点是效果明显,使用方便;缺点是合成异构体多,难以控制,使用范围局限,仅限 K12(十二烷基磺酸钠)、AES(脂肪醇聚氧乙烯醚硫酸钠)、AOS(α—烯基磺酸钠)等阴离子表面活性剂起作用。所以稳泡剂主要以胶类物质为主,市场上大多使用硅酮酰胺作为稳泡剂。起泡剂是一种表面活性物质,主要是在气—水界面上降低界面张力,促使空气在料浆中形成小气泡,扩大分选界面,并保证气泡上升形成泡沫层。该物质一般需要泌水性好、发泡倍数高及泡沫壁坚韧的物质,常见的起泡剂有羟基化合物类、醚及醚醇类、吡啶类和酮类。

复合类发泡剂主要有 4 种复合方法:互补法、协同法、增效法和添加功能法。目前市场上主要应用的就是添加功能法,当泡沫混凝土发泡剂功能性较少时,或者满足不了使用需求时,通常向原有的泡沫混凝土发泡剂中加入一定量的功能型外加剂来解决。使用最多的复合型泡沫混凝土发泡剂为植物蛋白和动物蛋白复合型发泡剂,其优点在于易溶于水,便于稀释,发泡倍数高,沉降量低,气泡气孔独立并细小而密实均匀,可有效提高泡沫混凝土强度、降低体积质量,并可以在 5 ℃以下施工使用,而不出现絮状变质现象,所以复合型发泡剂在某种程度上可以取代松香树酯类发泡剂、蛋白类发泡剂、合成类发泡剂。

3.5 调 凝 剂

调凝剂是指能够调节混凝土凝结时间的外加剂,分为缓凝剂和速凝剂。调凝剂主要作用于熟料矿物中的 C_3A 和 C_3S,对水泥凝结时间的影响比较复杂,很难用一种理论概括多种调凝剂的作用原理,凡对胶体凝聚过程产生直接或间接影响的因素,都会对水泥的凝结产生影响。

3.5.1　缓凝剂

缓凝剂一种能延迟水泥水化反应,延长混凝土或砂浆的初、终凝时间,使新拌混凝土或砂浆能较长时间保持塑性,方便浇注,提高施工效率,同时对混凝土后期各项性能不会造成不良影响的外加剂。

缓凝剂能使混凝土混合料在较长时间内保持塑性状态,以利于浇灌成型,提高施工质量,而且还可延缓水化放热时间,降低水化热。缓凝剂适用于长距离运输或长时间运输的混凝土、夏季和高温施工的混凝土、大体积混凝土等。不适用于 5 ℃以下的混凝土,也不适用于有早强要求的混凝土及蒸养混凝土,缓凝剂的掺量不宜过多,否则会引起强度降低,甚至长时间不凝结。

1. 缓凝机理

缓凝剂对水泥的缓凝机理存在几种不同的假说,它们各自从某个角度对缓凝剂的缓凝机理进行解释。

(1)沉淀假说。这种学说认为,有机或无机物在水泥颗粒表面形成一层不溶性物质薄层,阻碍水泥颗粒与水的进一步接触,因而水泥的水化进程被延缓。这些物质首先抑制铝酸盐矿物的水化,且随后对硅酸盐矿物的水化也有一定的抑制作用,使浆体中的 C－S－H 凝胶及 C－S－H 晶体的形成过程变慢,从而导致浆体凝结硬化推迟。

(2)络盐假说。无机盐类缓凝剂分子与液相中的钙离子形成络盐,因而会抑制的结晶析出,影响水泥浆体的正常凝结。对于轻基羧酸及其盐类的缓凝作用,可用络合物理论来解释其对水泥的缓凝作用。

(3)吸附假说。水泥颗粒表面具有较强的吸附能,可吸附一层起抑制水泥水化作用的缓凝剂膜层,阻碍水泥的水化过程,从而延缓水泥浆体的凝结硬化。

(4)成核生成假说。液相中首先要形成一定数量的晶核,才能保证更多的物质借助于这些晶核结晶生长。水泥浆体水化,从诱导期到加速期,由于缓凝剂的存在,阻碍了液相中的成核,也就使得无法正常结晶析出,使得浆体中浓度的平衡无法打破,水泥中的 C_3S、C_2S 无法正常水化形成 C－S－H 凝胶,使浆体无法正常凝结。

2. 常用缓凝剂

缓凝剂种类较多,按其化学成分可分为无机缓凝剂和有机缓凝剂;按其缓凝时间可分为普通缓凝和超缓凝剂。

无机缓凝剂包括:硼酸盐、磷酸盐、锌盐、硫酸铁、硫酸铜和氟硅酸盐等。

有机缓凝剂包括:羟基羧酸及其盐类,如酒石酸、柠檬酸、葡萄糖酸及其盐类以及水杨酸;含糖碳水化合物类,如糖蜜、葡萄糖、蔗糖等。

3.5.2 速凝剂

速凝剂是调节混凝土(或砂浆)凝结时间和硬化速度的外加剂,广泛地应用于水利、交通、采矿和部分抢修工程。速凝剂种类繁多,根据速凝剂的性质和状态,大致可以分为碱性粉状、无碱粉状、碱性液态和无碱液态 4 类。碱性粉状和碱性液态速凝剂(传统速凝剂)存在以下几个问题:①后期强度损失大;②较高的碱含量,一方面造成对施工人员的腐蚀,损害人体健康,另一方面也可能引起混凝土碱骨料反应,导致混凝土强度和耐久性下降;③扬尘多,回弹量大;④不便于喷射混凝土湿法作业等。无碱粉状速凝剂虽然其碱含量低,但在施工过程中普遍存在添加不均匀和粉尘大的问题。近年来,高碱粉状速凝剂研发和应用比重逐渐减小。液态无(低)碱混凝土速凝剂(新型速凝剂)能有效克服粉状高碱速凝剂的上述问题,正逐步取代传统粉状高碱速凝剂。

1. 碱性速凝剂

按主要成分分类,碱性速凝剂大致可以分为:铝氧熟料—碳酸盐系、铝氧熟料—明矾石系和水玻璃系。由于速凝剂是由复合材料制成,与水泥水化反应作用机理复杂,其主要成分不同,则速凝机理不同。

(1)铝氧熟料—碳酸盐系作用机理。

$$Na_2CO_3 + CaO + H_2O \longrightarrow CaCO_3 + 2NaOH$$
$$NaAlO_2 + 2H_2O \longrightarrow Al(OH)_3 + NaOH$$
$$2NaAlO_2 + 3CaO + 7H_2O \longrightarrow 3CaO \cdot Al_2O_3 \cdot 6H_2O + 2NaOH$$
$$2NaOH + CaSO_4 \longrightarrow Na_2SO_4 + Ca(OH)_2$$

碳酸钠、铝酸钠与水作用生成 NaOH,NaOH 与水泥浆中石膏反应,生成 Na_2SO_4,降低浆体中的 SO_4^{2-},消耗了石膏,使得水泥中的 C_3A 成分迅速溶解反应生成钙矾石加速凝结硬化。钙矾石的生成使得水泥水化初期的溶液中 $Ca(OH)_2$ 浓度下降,从而促进了 C_3S 的水化,生成的水化硅酸钙凝胶相互交织搭接形成网络结构的晶体而促进凝结。此外,上述反应产生大量水化热也会促进水泥水化进程和强度发展。

(2)铝氧熟料—明矾石系作用机理。

$$Na_2SO_4 + CaO + H_2O \longrightarrow CaSO_4 + 2NaOH$$

$$CaSO_4 + 2NaOH \longrightarrow Ca(OH)_2 + Na_2SO_4$$

$$NaAlO_2 + 2H_2O \longrightarrow Al(OH)_3 + NaOH$$

$$2NaAlO_2 + 3CaO + 7H_2O \longrightarrow 3CaO \cdot Al_2O_3 \cdot 6H_2O + 2NaOH$$

大量生成的 NaOH 消耗了 SO_4^{2-}，促进了 C_3A 的水化反应，大量放热反应促进了水化物的形成和发展。$Al(OH)_3$ 和 Na_2SO_4 具有促进水化的作用，使 C_3A 迅速水化生成钙矾石而加速凝结硬化，进一步降低了液相中 $Ca(OH)_2$ 的浓度，促使 C_3S 水化，生成水化硅酸钙凝胶，因而产生强度。

（3）水玻璃系作用机理。

$$Na_2O \cdot nSiO_2 + Ca(OH)_2 \longrightarrow (n-1)SiO_2 + CaSiO_3 + 2NaOH$$

以硅酸钠为主要成分的速凝剂，主要是硅酸钠和 $Ca(OH)_2$ 反应，生成大量 NaOH，促进水泥水化，从而迅速凝结硬化。

2. 无碱速凝剂

氧化钠质量分数小于 1% 的速凝剂，称为无碱速凝剂。传统的速凝剂大多以碳酸盐、铝酸盐和硅酸盐为主，碱性高，腐蚀性强，会对工人的眼睛和皮肤造成伤害；强碱的存在，很易引发碱骨料反应，使集料和浆体界面发生劣化，吸水后产生膨胀，使混凝土的结构遭到破坏，耐久性变差。新型的速凝剂要求碱含量很低或无碱，由于 $Al_2(SO_4)_3$ 不含碱，且对水泥水化有一定的促进作用是一种理想的碱金属盐的替代品，已成为配制速凝剂的主要速凝组分。其速凝机理为 $Al_2(SO_4)_3$ 加入水泥浆体中会发生如下化学反应：

$$Al_2(SO_4)_3 + 3Ca(OH)_2 + 6H_2O \longrightarrow 2Al(OH)_3 + 3CaSO_4 \cdot 2H_2O$$

$$C_3A + 3CaSO_4 \cdot 2H_2O + 26H_2O \longrightarrow 3CaO \cdot Al_2O_3 \cdot 3CaSO_4 \cdot 32H_2O$$

$$Al_2(SO_4)_3 + 6Ca(OH)_2 + 26H_2O \longrightarrow 3CaO \cdot Al_2O_3 \cdot 3CaSO_4 \cdot 32H_2O$$

$$2Al(OH)_3 + 3Ca(OH)_2 + 3CaSO_4 + 26H_2O \longrightarrow$$
$$3CaO \cdot Al_2O_3 \cdot 3CaSO_4 \cdot 32H_2O$$

SO_4^{2-} 与 Ca^{2+} 反应生成次生石膏，其比水泥中原有石膏的活性大，更易于与 C_3A 反应生成钙矾石。$Al_2(SO_4)_3$ 与液相中 $Ca(OH)_2$ 可以直接反应生成钙矾石，而不需要 C_3A 的参与，此种钙矾石形成于水泥浆体的原充水空间，不同于 C_3A 水化生成钙矾石的位置。反应生成的 $Al(OH)_3$ 一般不能稳定存在，也会与 $Ca(OH)_2$ 反应生成钙矾石。Al^{3+} 还能加速 C—S—H 凝胶体粒子的凝聚作用，加速 C_3S 的水化。各反应消耗 $Ca(OH)_2$，促进了 C_3S 的水化。较多的钙矾石交叉联结成网络，形成水泥浆体的骨架,同时水化硅酸钙凝胶填充其间,促进了水泥浆体的凝结。

《喷射混凝土用速凝剂》(JC/T 477)规定掺速凝剂的净浆及硬化砂浆的性能见表3.3。

表3.3　掺速凝剂的净浆及硬化砂浆的性能

产品等级	试验项目			
	净浆		砂浆	
	初凝时间/min ≤	终凝时间/min ≤	1 d 抗压强度/MPa ≥	28 d 抗压强度/% ≥
一等品	3	8	7.0	75
合格品	5	12	6.0	70

3.6 早 强 剂

能提高混凝土早期强度,并对后期强度无显著影响的外加剂,称为早强剂。不加早强剂的混凝土从开始拌和到凝结硬化并形成一定的强度,需要一段较长的时间,为了缩短施工周期,例如加速模板的周转、缩短混凝土的养护时间、快速达到混凝土冬季施工的临界强度等,常需要掺入早强剂。

混凝土早强剂的要求是:强度提高显著,凝结不应太快;不得含有会降低后期强度及破坏混凝土内部结构的有害物质;对钢筋无锈蚀危害(用于钢筋混凝土及预应力钢筋混凝土的外加剂);资源丰富,价格便宜;便于施工操作等。

3.6.1　作用机理

早强剂的作用机理尚未形成一致理论,主要观点可归纳如下:

(1)早强剂同水泥矿物 C_3A、C_4AF 形成能促凝的复杂化合物,这些化合物能为 C_3S、C_2S 的水化、结晶提供晶核;

(2)早强剂同水化产物 $Ca(OH)_2$ 形成络合物,能显著加速反应;

(3)早强剂加速了 C_3A 的水化及水化物与石膏反应生成钙矾石的过程;

(4)形成石膏过饱和溶液,阻止 C_3A 的水化初期产生疏松结构的趋势;

(5)生成水化铝酸四钙六方片状晶体,抑制向水化铝酸三钙等轴晶体的转化趋势；

(6)提高液相 pH，促进硅酸盐水泥水化；

(7)在 C_3S 水化物表面吸附形成络合物促进水化反应；

(8)加速水泥组分的溶解，促进反应进行；

(9)激发水泥中矿物掺合料的活性，早期发生二次水化反应。

3.6.2 常用早强剂

早强剂大多数为无机电解质，少数是有机物，常用的早强剂有氯盐、硫酸盐、有机醇胺三大类以及以它们为基础的复合早强剂。

1. 氯盐类早强剂

氯盐加入水泥混凝土中促进其硬化和早强的机理可以从两方面加以分析。一是增加水泥颗粒的分散度。加入氯盐后，能使水泥在水中充分分解，增加水泥颗粒对水的吸附能力，促进水泥的水化和加快硬化速度。二是与水泥熟料矿物发生化学反应。氯盐首先与 C_3S 水解析出的 $Ca(OH)_2$ 作用，形成氧氯化钙[$CaCl_2 \cdot 3Ca(OH)_2 \cdot 12H_2O$ 和 $CaCl_2 \cdot Ca(OH)_2 \cdot H_2O$]，并与水泥组分中的 C_3A 作用生成氯铝酸钙（$3CaO \cdot Al_2O_3 \cdot 3CaCl_2 \cdot 32H_2O$）。这些复盐是不溶于水和 $CaCl_2$ 溶液的。氯盐与 $Ca(OH)_2$ 的结合，就意味着水泥水化液相中石灰浓度的降低，导致 C_3S 水解的加速。而当水化氯铝酸钙形成时，则胶体膨胀，使水泥石孔隙减少，密实度增大，从而提高了混凝土的早期强度。

氯盐类早强剂主要有氯化钙、氯化钠、氯化钾、氯化铁、氯化铝等氯化物，均具有良好的早强作用，其中氯化钙早强效果好而成本低，应用最广。但氯盐的使用会显著加速混凝土中埋设钢筋的电化学腐蚀，进而影响混凝土的结构安全性，因此氯盐早强剂在钢筋混凝土中的应用必须慎重。氯化钙的适宜掺量为水泥质量的 0.5%～3.0%，能使混凝土 1 d 强度提高 70%～140%，3 d 强度提高 40%～70%。

2. 硫酸盐类早强剂

硫酸盐类早强剂主要有硫酸钠（即元明粉）、硫代硫酸钠、硫酸钙、硫酸铝钾等，其中硫酸钠应用较多。硫酸钠为白色固体粉末，一般掺量为水泥质量的 0.5%～2.0%。当掺量为 1%～1.5% 时，可使混凝土 3 d 强度提高 40%～70%。硫酸钠对矿渣水泥混凝土的早强效果优于普通水泥混凝土。

3. 有机胺类早强剂

有机胺类早强剂主要有三乙醇胺（简称 TEA）、三异丙醇胺（简称 TP）、二乙醇胺等，其中早强效果以三乙醇胺为最佳。三乙醇胺是无色或淡黄色油状液体,能溶于水,呈碱性。掺量为水泥质量的 $0.02\% \sim 0.05\%$,能使混凝土早期强度提高 50% 左右,28 d 强度不变或略有提高。三乙醇胺对水泥有一定的缓凝作用,对普通水泥混凝土的早强效果优于矿渣水泥混凝土。

早强剂可加速混凝土硬化,缩短养护周期,加快施工进度,提高模板周转率,多用于冬季施工或紧急抢修工程。在实际应用中,早强剂单掺效果不如复合掺加。因此,较多使用由多种组分配成的复合早强剂,尤其是早强剂与早强减水剂同时复合使用,其效果更好。

4. 复合类早强剂

复合类早强剂往往比单组分早强剂具有更优良的早强效果,掺量也比单组分早强剂低。在水泥中加入微量的三乙醇胺,不会改变水泥的水化生成物,但对水泥的水化速度和强度有加速作用。当它与无机盐类复合时,不仅对水泥水化起催化作用,而且还能在无机盐与水泥的反应中起催化作用。故其作用效果要较单掺三乙醇胺显著,并有互补作用。

为确保混凝土早强剂的正确使用,防止早强剂的负面作用,《混凝土外加剂应用技术规范》(GB 50119)对常用早强剂的掺量提出了最高限值。

3.7　膨　胀　剂

膨胀剂是指与水拌和后,经水化反应生成钙矾石、氢氧化钙或钙矾石和氢氧化钙等(还有其他),使混凝土产生体积膨胀的外加剂。普通水泥混凝土由于水分蒸发等引起的冷缩或干缩,收缩率约为 $0.04\% \sim 0.06\%$,而混凝土极限延伸率仅为 $0.01\% \sim 0.02\%$,因此普通混凝土经常发生开裂。混凝土掺加膨胀剂后,混凝土体积发生膨胀,在约束条件下,能产生 $0.2 \sim 0.7$ MPa 的压应力,从而抵消干缩或冷缩引起的拉应力,起到良好的补偿收缩作用,提高混凝土的抗裂能力。

3.7.1　性能及作用机理

《混凝土膨胀剂》(GB/T 23439)规定膨胀剂按水化产物分为:硫铝酸钙类(代号 A)、氧化钙类(代号 C)、硫铝酸钙—氧化钙类(代号 AC)。混凝土膨胀剂的性能要求见表 3.4。

表 3.4　混凝土膨胀剂的性能

项目	指标值	
	Ⅰ型	Ⅱ型

续表

项目		指标值	
		Ⅰ 型	Ⅱ 型
细度	比表面积/(m³·kg⁻¹) ≥	200	
	1.18 mm 筛筛余/% ≤	0.5	
凝结时间	初凝/min ≥	45	
	终凝/min ≤	600	
限制膨胀率/%	水中 7 d ≥	0.025	0.050
	空气中 21 d ≥	−0.020	−0.010
抗压强度/MPa	7 d ≥	20.0	
	28 d ≥	40.0	

注:本表中的限制膨胀率为强制性的,其余为推荐性的

膨胀剂的成分不同,引起膨胀的原理也不同。

硫铝酸钙类膨胀剂加入水泥混凝土后,自身组成中的无水硫铝酸钙水化并参与水泥矿物的水化或与水泥水化产物反应,形成三硫型水化硫铝酸钙(钙矾石)。钙矾石相的生成,使固相体积增加很大,而引起表观体积膨胀。

氧化钙类膨胀剂的膨胀作用主要是由氧化钙晶体水化形成氢氧化钙晶体,体积增大而导致的。

硫铝酸钙-氧化钙类是上述两种情况的复合。

氧化镁类膨胀剂是通过氧化镁水化生成氢氧化镁产生膨胀,但是由于影响因素复杂、膨胀作用不稳定等原因,我国应用甚少。

3.7.2　常用膨胀剂

膨胀剂按膨胀源的化学成分有以下分类:

1. 硫铝酸钙系膨胀剂

以硫铝酸盐熟料、明矾石和石膏做原料粉磨而成,产品英文缩写有 UEA 和 CSA 等。

2. 铝酸钙系膨胀剂

以铝酸钙熟料、明矾石和石膏做原料粉磨而成,英文缩写为 AEA。

3. 石灰石系膨胀剂

以石灰石、黏土和石膏做原料,在一定温度下煅烧、粉磨、混拌而成。

此类膨胀剂较少用于混凝土的补偿收缩,主要用于制备灌浆料,以及用于无声爆破时的静态破碎剂。

4. 铁粉系膨胀剂

铁粉系膨胀剂主要由铁屑、铁粉和一些氧化剂(如重铬酸钾)、催化剂(氯盐)及分散剂等混合制成。此类膨胀剂用量很少,仅用于二次灌浆的有约束的工程部位,如设备底座与混凝土基础之间的灌浆、已硬化混凝土的接缝、地脚螺栓的锚固、管子接头等。

5. 氧化镁系膨胀剂

氧化镁水化生成氢氧化镁结晶(水镁石),体积可增加 $94\%\sim124\%$,引起混凝土膨胀。此类膨胀剂所产生的膨胀速率能补偿大体积混凝土的冷缩要求,可以解决大体积混凝土冷缩裂缝问题。

6. 复合型膨胀剂

膨胀剂的基本成分为硫铝酸钙、氧化钙、氧化镁和氧化铁,若膨胀剂的组成中包括两种或两种以上的上述组分则称为复合膨胀剂。我国常用的有 EA 复合膨胀剂和 CEA 复合膨胀剂,其掺量为 $8\%\sim15\%$,限制膨胀率为 $2\times10^{-4}\sim3\times10^{-4}$。

目前以硫铝酸钙类膨胀剂和铝酸钙类膨胀剂应用较为广泛,其中硫铝酸钙类膨胀剂 UEA 系列占膨胀剂总量的 80%。

3.7.3 选用

混凝土膨胀剂中的氧化镁质量分数应不大于 5%,碱的质量分数(选择性指标)按 $Na_2O+0.658K_2O$ 计算值表示,用户要求提供低碱混凝土膨胀剂时,碱的质量分数应不大于 0.75%,或由供需双方协商确定。由于水化硫铝酸钙(钙矾石)在 $80\ ℃$ 以上会分解,导致强度下降,故规定硫铝酸钙类膨胀剂和硫铝酸钙—氧化钙类膨胀剂,不得用于长期处于环境温度为 $80\ ℃$ 以上的工程。氧化钙类膨胀剂水化生产的 $Ca(OH)_2$,其化学稳定性和胶凝性较差,它与 Cl^-、SO_4^{2-}、Na^+、Mg^{2+} 等离子发生置换反应,形成膨胀结晶体或被溶析出来,从耐久性角度,该膨胀剂不得用于海水和有侵蚀性水的工程。

3.8 减 缩 剂

减缩剂是指能够减少混凝土早期和后期收缩的化学外加剂。

混凝土在干燥条件下产生收缩会导致硬化混凝土的开裂和其他缺陷,

而这些缺陷的形成和发展使混凝土的使用寿命大大下降。在混凝土中加入减缩剂能大大降低混凝土的干燥收缩,使混凝土的 28 d 收缩值减少50%~80%,最终收缩值减少 25%~50%。由于混凝土减缩剂在减少混凝土的干燥收缩方面的突出作用,有人把混凝土减缩剂列为预防混凝土收缩开裂的两个措施(纤维增强和混凝土减缩剂)之一。减缩剂的掺入,虽然能大大降低混凝土的干缩变形,且降低幅度随混凝土龄期的增长而逐渐减少,但也将使混凝土的抗压和抗折强度降低,降低幅度最高可达 20%,使用时应特别注意。

3.8.1　作用机理

混凝土减缩剂减少混凝土收缩的机理,目前主要的看法是混凝土减缩剂能降低混凝土中的毛细管张力。

混凝土的干燥收缩是由毛细水的损失而引起的硬化混凝土的收缩,是混凝土内部水分向外部挥发而产生的。而混凝土的自收缩是由自干燥或混凝土内部相对湿度降低引起的收缩,是混凝土在恒温绝湿条件下,由于水泥水化作用引起的混凝土宏观体积减小的现象,即因水泥水化导致混凝土内部缺水,外部水分又未能及时补充而产生。混凝土自收缩和干缩是不同原因而导致的两种收缩,但二者的产生机理在实质上可以认为是一致的,即毛细管张力理论。

对于干缩,混凝土中存在极细的孔隙(毛细管),在环境湿度小于100%时,毛细管内部的水从中逸出(蒸发),水面下降形成弯液面,在这些毛细孔中产生毛细管张力(附加压力)使混凝土产生变形,造成干燥收缩。对于自收缩,水泥初凝后的硬化过程中由于没有外界水供应或外界水不能及时补偿(外界水通过毛细孔渗透到体系内部的速度小于由于补偿硬化收缩而形成内部空隙的速度),导致毛细孔从饱和状态趋向于不饱和状态而产生自干燥,从而引起毛细水的不饱和而产生负压。这两种收缩变形受毛细管的大小和数量影响。根据拉普拉斯公式,设某一孔径的毛细管张力为 ΔP,与其中液体的表面张力及毛细管中液面的曲率半径的关系为

$$\Delta P = \frac{2\gamma\cos\theta}{r}$$

式中　γ——液体的表面张力,10^{-5} N/cm;

　　　θ——液体与毛细孔壁的接触角;

　　　r——液面的曲率半径,cm。

由此可以看出,当液相的表面张力减少时,毛细管的张力也减少;毛细

管孔径增大,毛细管中液面的曲率半径增大,毛细管张力也减少。考虑到增大毛细管直径虽能降低表面张力而减少收缩,但孔径的增大反而会带来其他一些缺陷,如强度和耐久性的降低等,因此,降低毛细管液相的表面张力来降低毛细管张力、减少收缩方法就受到人们的重视。

综上所述,减缩剂作为一种减少混凝土孔隙中液相的表面张力的有机化合物,其主要作用机理就是降低混凝土毛细管中液相的表面张力,使毛细管负压下降,减小收缩应力。显然,当水泥石中孔隙液相的表面张力降低时,在蒸发或者是消耗相同的水分的条件下,引起水泥石收缩的宏观应力下降,从而减小收缩。水泥石中孔隙液的表面张力下降得越多,其收缩越小。

从本质上讲,减缩剂都是表面活性物质,有些种类的减缩剂还是表面活性剂。当混凝土由于干燥而在毛细孔中形成毛细管张力使混凝土收缩时,因减缩剂的存在使得毛细管张力下降,从而使得混凝土的宏观收缩值降低。由于混凝土的干缩和自缩的主要原因均是毛细管张力,所以混凝土减缩剂对减少混凝土的干缩和自缩有较大的作用,而对其他原因引起的混凝土收缩(如由混凝土温度降低引起的冷缩)则没有明显作用。

3.8.2 常用减缩剂

减缩剂化学组成主要为聚醚或聚醇类有机物或它们的衍生物。减缩剂的通式可用 $R_1O(AO)_nR_2$ 或 $Q[(OA)_pOR]_x$ 表示,R 可以是 H 原子、$C_1 \sim C_{12}$ 烷基、$C_5 \sim C_8$ 环烷基或苯基;A 为碳原子数为 $2 \sim 4$ 的环氧基或 $C_5 \sim C_8$ 烯基,或者上述两种官能团的随机组;Q 为 $C_3 \sim C_{12}$ 脂肪烃官能团;n、p、x 均为聚合度,其中 $n = 1 \sim 80, p = 0 \sim 10, x = 3 \sim 5$。

减缩剂按组分的多少分为单一组分减缩剂和多组分减缩剂。

单一组分减缩剂,根据其官能团的不同,可分为一元或二元醇类减缩剂、氨基醇类减缩剂、聚氧乙烯类减缩剂和烷基胺类减缩剂等。

多组分减缩剂主要有:低相对分子质量的氧化烯烃化合物和高相对分子质量的含聚氧化烯链的梳形聚合物构成的减缩剂;含仲羟基和(或)叔羟基的亚烷基二醇和烯基醚/马来酸酐共聚物组成的减缩剂;烷基醚氧化烯加成物和亚烷基二醇组成的减缩剂;亚烷基二醇或聚氧化烯二醇和硅灰组成的减缩剂;氧化烯烃化合物和少量甜菜碱(betaine)组成的减缩剂;烷基醚氧化烯加成物和磺化有机环状物质组成的减缩剂;烷基醚氧化烯加成物和氧化烯二醇组成的减缩剂等。

《砂浆、混凝土减缩剂》(JC/T 2361)规定掺减缩剂砂浆和混凝土的性能要求见表 3.5、表 3.6。

表 3.5　掺减缩剂砂浆性能

试验项目		性能要求	
		标准型	减水型
减水率/% ≥		—	8
凝结时间差/min ≤	初凝	+120	—
	终凝		
抗压强度比/% ≥	7 d	80	100
	28 d	90	110
减缩率/% ≥	7 d	40	30
	28 d	30	20
	60 d	25	15

表 3.6　掺减缩剂混凝土的性能

试验项目		性能要求	
		标准型	减水型
减水率/% ≥		—	15
凝结时间差/min ≤	初凝	+120	—
	终凝		
含气量/% ≤		5	
抗压强度比/% ≥	7 d	90	100
	28 d	95	110
减缩率/% ≥	7 d	35	25
	28 d	30	20
	60 d	25	15

3.9　防　水　剂

防水剂是指能提高水泥砂浆、混凝土在静水压力下抗渗性能的外加剂。防水剂能显著提高混凝土的抗渗性,增加其防水憎水作用,减少渗水和吸水量,提高混凝土的耐久性。

混凝土防水剂一般由无机、有机高分子等多种材料组成,拌和在水泥或混凝土中,起到减水、密实、憎水、防止渗漏的作用,被广泛应用于水塔、水池、屋面、地下室、隧道、桥梁等防水工程内部或外部密封防水。

3.9.1 防水机理

1. 混凝土渗水原因

混凝土是一种非匀质材料,从微观结构上看属于多孔结构,其内部分布有许多大小不同的微细空隙,因而容易渗水。混凝土中的空隙按成因可分为施工空隙和构造孔隙两大类。施工空隙是由浇灌、振捣质量不良引起的;构造孔隙主要取决于混凝土水灰比,是在混凝土硬化过程中形成的,主要类型有:胶孔、毛细孔、沉降缝隙、接触孔和余留孔。除此之外,裂缝是混凝土渗水的另一个原因。

因此,影响混凝土渗水、透水的原因主要有两方面:一是混凝土内部缝隙;二是混凝土内部裂缝。为了阻止水分的侵入,提高水泥混凝土结构的抗水侵蚀性能和耐久性能,人们研究了多种措施,如掺加矿物掺合料的高致密性混凝土、低水胶比混凝土,但在水泥混凝土中掺加防水剂,形成致密性混凝土或憎水混凝土以达到防水的目的,才是目前公认的最有效的技术途径。

2. 防水机理

防水剂提高混凝土水密性的机理大致分为 5 类:

(1)促进水泥的水化反应,生成水泥凝胶,填充早期的孔隙;

(2)掺入微细物质填充混凝土的空隙;

(3)掺入疏水性物质,或与水泥中的成分反应生成疏水性的成分;

(4)在孔隙中形成密封性好的膜;

(5)涂布或渗透可溶性成分,与水泥水化反应过程中产生的可溶性成分结合生成不溶性晶体。

3.9.2 常用防水剂

(1)无机化合物类防水剂。如氯化铁、锆化物等。

(2)有机化合物类防水剂。如脂肪酸及其盐类、有机硅表面活性剂(甲基硅醇钠、乙基硅醇钠、聚乙基羟基硅氧烷)、石蜡、地沥青、橡胶及水性树脂乳液等。

(3)混合物类防水剂。无机类混合物、有机类混合物、无机类与有机类混合物。

(4)复合类防水剂。上述各类防水剂与引气剂、减水剂、调凝剂等外加剂的复合。

《砂浆、混凝土防水剂》(JC/T 474)规定掺防水剂砂浆和混凝土的性能
要求见表 3.7、表 3.8。

表 3.7　掺防水剂砂浆的性能

试验项目		性能指标	
		一等品	合格品
安定性		合格	合格
凝结时间	初凝/min　≥	45	45
	终凝/h　≤	10	10
抗压强度比/%　≥	7 d	100	85
	28 d	90	80
透水压力比/%　　　　　≥		300	200
48 h 吸水量比/%　　　　≤		65	75
28 d 收缩率比/%　　　　≤		125	135

表 3.8　掺防水剂混凝土的性能

试验项目		性能指标	
		一等品	合格品
安定性		合格	合格
泌水率比/%　　　　　　≤		50	70
凝结时间差/min　≥	初凝	−90	−90
抗压强度比/%　≥	3 d	100	90
	7 d	110	100
	28 d	100	90
渗透高度比/%　　　　　≤		30	40
48 h 吸水量比/%　　　　≤		65	75
28 d 收缩率比/%　　　　≤		125	135

3.10　其他外加剂

3.10.1　黏度调节剂

黏度调节剂是指能改变混凝土拌合物黏度的外加剂,是一种能用来提高水泥基胶凝材料体系的凝聚和稳定的大分子材料。这类材料主要是:水溶性合成及天然高分子,包括黄原胶、温伦胶、纤维素醚、聚氧乙烯类、聚丙烯酰胺、聚乙烯醇等。

3.10.2　养护剂

养护剂又称保水剂,是一种喷涂在新浇混凝土或砂浆表面能有效阻止内部水分蒸发的混凝土外加剂。混凝土养护剂大致可以分为树脂型、乳胶型、乳液型和硅酸盐型 4 种。国外常用树脂型和乳胶型,而国内主要采用乳液型和硅酸盐型。

1. 硅酸盐型

硅酸盐型主要以水玻璃为主要成分,作用机理主要是利用水玻璃能与水化产物 $Ca(OH)_2$ 迅速反应生成硅酸钙胶体,这层胶体膜阻碍内部水分蒸发。

2. 乳液型

乳液型氧化剂主要有矿物油乳液和石蜡乳液等品种。这种乳液可以在混凝土表面逐渐形成一层脂膜,防止水分外逸,保水率可以达到 $70\%\sim80\%$,性能优于水玻璃型。

技术要求参见《水泥混凝土养护剂》(JC/T 901)。

3.10.3　阻锈剂

阻锈剂是指能阻止或减小混凝土中钢筋或金属预埋件发生锈蚀作用的外加剂。常用阻锈剂按所用物质可分为有机和无机两大类,也可按阻锈机理分为阳极型阻锈剂、阴极型阻锈剂和复合型阻锈剂。阳极型阻锈剂包括:亚硝酸钠、亚硝酸钙、硝酸钙、苯甲酸钠、铬酸钠和氯化亚锡等;阴极型阻锈剂包括:高级脂肪酸铵盐、磷酸酯、碳酸钠、磷酸氢钠,硅酸盐等;复合型阻锈剂包括:苯甲酸＋亚硝酸钠、亚硝酸钠＋亚硝酸钙＋甲酸钙等。

3.11　复合外加剂

3.11.1　泵送剂

泵送剂是指能改善混凝土混合料泵送性能的外加剂,通常由减水组分、缓凝组分、引气组分等复合而成。泵送性能是混凝土拌合物具有能顺利通过输送管道、不阻塞、不离析、黏聚性良好的性能。泵送剂匀质性、受检混凝土的性能指标应符合《混凝土外加剂规范》(GB 8076)的相关规定。

泵送剂是流化剂的一种,它除了能大大提高混凝土混合料的流动性以外,还能使混合料在 60～180 min 保持其流动性,剩余坍落度不低于原始的 55%。此外,它不是缓凝剂更不应有缓强性。缓凝时间不宜超过120 min(有特殊要求除外)。液体泵送剂与水一起加入搅拌机中,并延长搅拌时间。

泵送剂适用于各种需要采用泵送工艺的混凝土。缓凝泵送剂用于大体积混凝土、高层建筑、滑模施工、水下灌注桩等;含防冻组分的泵送剂适用于冬季施工混凝土,具体参见《混凝土防冻泵送剂》(JG/T 377)。

3.11.2　防冻剂

防冻剂是能使混凝土在负温下硬化,并在规定养护条件下达到预期性能的外加剂。根据《混凝土防冻剂》(JC/T 475)规定,防冻剂按其成分可分为强电解质无机盐类(氯盐类、氯盐阻锈类、无氯盐类)、水溶性有机化合物类、有机化合物与无机盐复合类、复合型防冻剂。掺防冻剂混凝土性能见表 3.9。

表 3.9　掺防冻剂混凝土性能

试验项目		性能指标	
		一等品	合格品
减水率 / % ≥		10	—
泌水率比 / % ≤		80	100
含气量 / % ≥		2.5	2.0
凝结时间差 / min	初凝	−150～+150	−210～+210
	终凝		

续表3.9

试验项目		性能指标					
		一等品			合格品		
抗压强度比 R/ % $\geqslant$	规定温度	-5	-10	-15	-5	-10	-15
	R_{-7}	20	12	10	20	10	8
	R_{28}	100		95	95		90
	R_{-7+28}	95	90	85	90	85	80
	R_{-7+56}	100			100		
28 天收缩率比 / % $\leqslant$		135					
渗透高度比 / % $\leqslant$		100					
50 次冻融强度损失率比 / % $\leqslant$		100					
对钢筋锈蚀作用		应说明对钢筋有无锈蚀作用					

含有氨或氨基类的防冻剂释放氨量应符合《混凝土外加剂中释放氨限量》(GB 18588)的规定限值。我国常用的防冻剂为复合型防冻剂,其主要组分有防冻组分、减水组分、引气组分、早强组分等。

防冻组分是复合防冻剂中的重要组分,按其成分可分为以下 3 类。

(1)氯盐类。

氯盐类常用为氯化钙、氯化钠。由于氯化钙参与水泥的水化反应,不能有效地降低混凝土中液相的冰点,故常与氯化钠复合使用,通常采用配比为氯化钙:氯化钠=2:1。

(2)氯盐阻锈类。

氯盐阻锈类由氯盐与阻锈剂复合而成。阻锈剂有亚硝酸钠、铬酸盐、磷酸盐、聚磷酸盐等,其中亚硝酸钠阻锈效果最好,故被广泛应用。

(3)无氯盐类。

无氯盐类有硝酸盐、亚硝酸盐、碳酸盐、尿素、乙酸盐等。

引气组分如上引气剂,含气量控制在 3%～6% 为宜,其他质量指标应符合《混凝土外加剂》(GB 8076)相关规定。

复合防冻剂中的减水组分、早强组分则分别采用前面所述的各类减水剂、早强剂。

防冻剂中各组分对混凝土的作用有:改变混凝土中液相浓度、降低液相冰点,使水泥在负温下仍能继续水化;减少混凝土拌和用水量,减少混凝土中能成冰的水量;提高混凝土的早期强度,增强混凝土抵抗冰冻的破坏能力。

　　各类防冻剂具有不同的特性,因此防冻剂品种选择十分重要。氯盐类防冻剂适用于无筋混凝土。氯盐防锈类防冻剂可用于钢筋混凝土。无氯盐类防冻剂,可用于钢筋混凝土和预应力钢筋混凝土,但硝酸盐、亚硝酸盐、碳酸盐类则不得用于预应力混凝土以及镀锌钢材或与铝铁相接触部位的钢筋混凝土。含有六价铬盐、亚硝酸盐等有毒防冻剂,严禁用于饮水工程及与食品接触的部位。其他要求详见《混凝土外加剂应用技术规范》(GB 50119)。

第4章 矿物掺合料及矿物外加剂

混凝土制备过程中,为节约水泥、改善混凝土性能或调节混凝土强度等级等,可在混凝土混合料中加入部分天然或人工的矿物质材料,以硅、铝、钙等一种或多种氧化物为主要成分,具有规定细度,称为矿物掺合料。矿物掺合料根据来源可分为天然类、人工类及工业废料类三大类,见表4.1。

表 4.1 矿物掺合料的分类

类 别	品 种
天然类	火山灰、凝灰岩、沸石粉、硅质页岩等
人工类	煅烧页岩、偏高岭土等
工业废料类	水淬高炉矿渣、粉煤灰、硅灰等

掺合料还可根据其水化反应活性分为两类:非活性矿物掺合料与活性矿物掺合料。非活性矿物掺合料也称惰性掺合料,一般不与水泥组分起化学作用或者化学作用很弱,例如石灰石粉、尾矿粉或活性指标达不到要求的矿渣等;活性掺合料本身虽然不硬化或者硬化速度缓慢,但可与水泥水化产生的 $Ca(OH)_2$ 作用,因此对水化产物有明显贡献,例如粒化高炉矿渣、粉煤灰、硅灰等;工程中还常将两种或两种以上矿物原料,按一定比例混合后,必要时可掺入适量石膏和助磨剂,再磨细至规定细度的粉体材料称为复合矿物掺合料。

4.1 作用与通性

近年来,工业废渣矿物掺合料直接在混凝土中的应用技术进展显著,使用范围越来越广,在节约水泥、节省能源、改善混凝土性能、扩大混凝土品种、减少环境污染等方面都表现出可观的技术经济效果和社会效益。尤其是粉煤灰、磨细矿渣粉、硅灰等具有良好的活性,可用来生产C100以上的超高强混凝土、超高耐久性混凝土、高抗渗混凝土,具有降低温升、改善工作性、完善混凝土的内部结构、增进后期强度、提高混凝土耐久性和抗腐蚀能力等诸多作用,在抑制混凝土碱—骨料反应方面也具有明显贡献。总之,矿物掺合料的使用可以给混凝土生产商提供更多的混凝土性能调整余地以及更好的经济效益,因此成为与水泥、骨料、外加剂并列的混凝土组成材料。

4.1.1　基本效应

矿物掺合料在混凝土中的基本效应主要包括以下 3 个方面,各基本效应相互联系、共同作用,赋予混凝土多方面的性能改善效果。不同种类矿物掺合料因其自身性质不同,在混凝土中所体现的效应各有侧重。

1. 活性效应

活性矿物掺合料或者含有较大量的活性 SiO_2、Al_2O_3(如硅灰、凝灰岩等),或者含有热力学上不稳定的玻璃体(如矿渣、粉煤灰),或者存在丰富的可供化学反应的巨大表面,因此具有一定的化学反应活性。此类矿物质活性材料本身磨细加水拌和并不硬化,但与气硬性石灰混合后再加水拌和,不仅能在空气中硬化,还可以在水中继续硬化,称为火山灰质材料,所具有的水化反应活性称为火山灰活性。

混凝土各原材料加水拌和之后,首先发生水泥的水化反应,所生成的 $Ca(OH)_2$ 作为激发剂可以显著提高矿物掺合料的反应活性,使掺合料中的活性 SiO_2 和 Al_2O_3 转化为水化硅酸钙、水化铝硅酸钙等胶凝性物质。这一反应过程相对滞后于水泥的水化,因此称为"二次水化"。利用矿物掺合料的火山灰性,可以将混凝土中尤其是浆体与骨料界面处聚集的大量 $Ca(OH)_2$ 晶体转化为强度更高、稳定性更强的水化产物;这些细小的水化产物晶体陆续充填至混凝土内部的细小裂缝,改善水泥石一骨料界面结构,提高混凝土强度、密实度和耐久性。

2. 微骨料效应

为提高矿物掺合料的火山灰活性,混凝土中所使用的矿物掺合料通常在细度方面有较高的技术要求,其颗粒尺寸与水泥粒子相当甚至更小,例如硅灰粒径不足水泥平均粒径的 1/10。在混凝土凝结硬化之前,这些细小的矿物质颗粒可吸附大量水分,因此有助于改善混合料的黏聚性,减缓离析泌水。更为重要的是,矿物掺合料中的微细颗粒可以填充到水泥颗粒无法进入的细小孔隙中,甚至直接填充在水泥颗粒之间,成为"微骨料",不仅可以改善混凝土的孔结构,降低孔隙率,还能大幅提高混凝土的强度和抗渗性能。

3. 形态效应

形态效应是指矿物掺合料颗粒形貌、粗细、表面粗糙度、级配、内外孔隙结构等几何特征以及色度、密度等物理特性对混凝土产生的效应。一般认为,粉煤灰等矿物掺合料具有特殊的球形玻璃体结构,由于颗粒细小、表面光滑,可发挥"滚珠轴承"的作用,有助于减少水泥粒子间的机械摩擦,降低混凝土混合料的运动黏度,改善混凝土的工作性,因此称为"矿物减水剂"。对于沸石、硅藻土等具有本征多孔结构的矿物掺合料,其丰富、有序的孔结构不仅提供了火山灰反应所需的巨大内表面,而且可以作为混凝土内部的细小储水空间,用于存放混合料中的多余水分,不仅有利于改善混凝土混合料的保水性和黏聚性,防止泌水现象的产生,而且在水泥水化或掺合料"二次水化"过程中,可以持续释放出所储存的水分,起到"自养护"的使用效果。

此外,多数矿物掺合料的密度为 $2.4\sim3.0\ \mathrm{g\cdot cm^{-3}}$,小于水泥熟料的密度(为 $3.0\sim3.2\ \mathrm{g\cdot cm^{-3}}$)。等质量的掺合料替代水泥后,胶凝材料浆体的总体积有所增加,对混凝土的工作性有利。

4.1.2 性能及测试

1. 粗细程度

混凝土用掺合料的粗细程度存在较高要求。通常来说,掺合料越细,反应活性也就越高。针对不同类型的混凝土掺合料,其粗细程度可采用细度或比表面积表示:

(1)细度。适用于粉煤灰、沸石粉、石灰石粉等。试样首先在 $105\sim110\ ℃$ 烘干至恒重,采用规定要求的方孔筛在负压条件下筛分后,计算筛余物质量与试样原质量之比,称为筛余率。粉煤灰和粉煤灰的细度检测采用孔径尺寸为 $45\ \mu m$ 的方孔筛;沸石粉的细度检测采用 $80\ \mu m$ 的方孔筛。

(2)比表面积。适用于矿渣粉和硅灰,但具体测试方法有所不同。《用于水泥和混凝土中的粒化高炉矿渣粉》(GB/T 18046)规定,矿渣粉的比表面积采用勃氏法测定,其基本原理是根据一定量的空气通过具有一定空隙率和固定厚度的粉体层时,所受阻力不同而引起流速变化来测定粉体的比表面积,单位为 $\mathrm{cm^2\cdot g^{-1}}$ 或 $\mathrm{m^2\cdot kg^{-1}}$。具体测试装置、设备参数及测试过程见国家标准《水泥比表面积测定方法 勃氏法》(GB/T 8074)。硅灰的比表面积测定则采用 BET 法,通过 Ar、N_2 等气体分子在固体表面的吸附—解吸过程得到细小颗粒的比表面积信息,单位为 $\mathrm{m^2\cdot g^{-1}}$。

2. 活性指数

矿物掺合料按规定比例等量取代水泥所配制的胶砂试验样品与对比样品在标准条件下养护至规定龄期后,测试、计算试验样品与对比样品的抗压强度之比,称为活性指数。试验胶砂、对比胶砂的胶砂比和水胶比分别控制为 1∶3 和 0.50,养护龄期通常取 28 d。对于矿渣来说,试验样品中矿渣粉与水泥的质量比应取 1∶1,而磷渣粉、石灰石粉、粉煤灰、火山灰质掺合料与水泥的比例则采用3∶7;硅灰活性指数测定时,则采用 7 d 快速法,即测试前胶砂试件应标准养护7 d,而硅灰取代水泥的质量比为 10%,具体参见《高强高性能混凝土用矿物外加剂》(GB/T 18736)。

3. 需水量比

除沸石粉之外,其他火山灰质掺合料包括粉煤灰应按 30% 质量比等量取代水泥后,再按胶砂比 1∶3 配制成试验胶砂,测定试验胶砂流动度达到 130～140 mm 所需的加水量,除以对比胶砂的相应需水量,称为需水量比。对于天然沸石粉,其取代 P.Ⅰ型硅酸盐水泥的比例同为 30%,但试验胶砂比则调整为1∶2.5;对于硅灰,则硅灰取代基准水泥的比例以质量百分比计为 10%。锂渣粉的需水量比测定时所采用的取代水泥率及胶砂比与火山灰质掺合料相同,具体参见《高强高性能混凝土用矿物外加剂》(GB/T 18736)。

4. 流动度比

试验样品与对比样品在水胶比 0.5 条件下的流动度之比,称为流动度比。矿渣粉、磷渣粉与水泥的质量比为 1∶1;石灰石粉与水泥的比例则为3∶7。

矿渣粉的流动度比按下式计算,计算结果保留至整数:

$$F = \frac{L}{L_m} \times 100\% \tag{4.1}$$

式中　F——流动度比,%;

　　　L——试验样品流动度,mm;

　　　L_m——对比样品流动度,mm。

具体参见《用于水泥和混凝土中的粒化高炉矿渣粉》(GB/T 18046)。

5. 含水量

测试试样置于 105～110 ℃ 的烘干箱内烘至恒重,以烘干前后的质量差与烘干前的质量之比作为该掺合料的含水量,以百分数计,精确至0.1%。

6. 烧失量

试样在高温炉中灼烧,每次 15～20 min,坩埚取出后在干燥器内冷却、称重;反复灼烧直至恒量,计算试样灼烧前后质量差与试样原质量之比,即为烧失量。对于水泥、粉煤灰,灼烧温度取 950±25 ℃;矿渣粉取 750±

50 ℃,同时应考虑 SO_3 所引起的质量变化。

7. SO_3 含量

通常采用硫酸钡重量法,即首先用 1：1 盐酸溶解试样,所得酸性溶液用氯化钡溶液沉淀硫酸盐,经过滤灼烧(800～950 ℃、30 min 反复直至恒量)后,以硫酸钡形式称量;测定结果以 SO_3 计。

8. 氯离子含量

采用硫氰酸铵滴定法(基准法),将试样用 1：2 硝酸溶解后,加入已知浓度的过量硝酸银标准溶液,目的是使氯离子以氯化银形式沉淀;过滤清液以三价铁盐为指示剂,用硫酸氰铵标准溶液滴定,所确定出的硝酸银可用于氯离子含量计算。

4.2 粒化高炉矿渣粉

高炉矿渣是生铁冶炼时形成的副产品,在快速冷却条件下可得到以铝硅酸盐为主要成分的玻璃体结构,因此具有较高的反应活性,在少量激发剂如$Ca(OH)_2$、$NaOH$、$CaSO_4$ 的作用下,可以形成大量的胶凝性物质而表现出可观的水硬性,适合用作水泥中的活性混合材或者混凝土的矿物掺合料。

4.2.1 形成与处理

高炉炼铁的目的是从铁矿石中提炼出较高纯度的金属铁。为此,需要在铁矿石中引入充足的焦炭作为还原剂,同时还要引入适量熔剂矿物如石灰石、白云石等。这些熔剂矿物在高温下分解成氧化钙和氧化镁,可以与铁矿石中的杂质(也称脉石)以及焦炭灰分熔为一体,组成以硅酸盐和铝硅酸盐为主的熔融体,漂浮于铁水表面并定期排出。根据铁矿石品位的不同,每生产 1 t 生铁所排放的矿渣通常在 0.25～1 t 范围。

矿渣的主要化学成分以质量百分比计为：SiO_2 38%～45%；Al_2O_3 15%～25%；CaO 25%～40%；Fe_2O_3 5%～10%；MgO 3%～10%；MnO 0.5%～3%。此外,还含有少量硫化物如 CaS、MnS、FeS 以及 TiO_2、P_2O_5 等。一般情况下,CaO、SiO_2、Al_2O_3 三者总量可达矿渣质量的 90% 以上；作为矿渣活性的总要来源,CaO 含量越高,矿渣的活性也就越大。

除了化学组成之外,矿渣活性在很大程度上取决于它的内部结构,特别是玻璃体的含量。一般情况下,慢冷也就是自然冷却的矿渣会结晶成坚硬的块状,称为块状高炉矿渣或硬矿渣,其活性很低,只能用作惰性充填物用于混凝土生产、路基回填等方面。如将熔融的渣液直接排入冷却水池,或者用水流冲击渣液,可使矿渣急冷成粒,称为粒化高炉矿渣。在快速冷却情况下,熔融渣液来不及结晶而只能以热力学上不稳定的玻璃体形式存在,因此具有较高的反应活性。在冷却不充分的情况下,矿渣中也可能出现少量的钙长石(2CaO・Al$_2$O$_3$・SiO$_2$,C$_2$AS)、硅酸二钙(C$_2$S)、硅酸一钙(CS,也称硅钙石)等晶体矿物。冷却越充分,矿渣活性越高。我国钢铁厂出产的粒化高炉矿渣中,玻璃体质量分数一般不低于80%,因此具有较好的反应活性。

以粒化高炉矿渣为主要原料,经干燥、粉磨(或添加少量石膏一起粉磨)达到相当细度且符合相应活性指数的粉体,称为粒化高炉矿渣粉,简称矿渣粉其微观形貌如图4.1所示。粉磨过程中允许加入少量助磨剂,加入量不得大于矿渣粉质量的1%。矿渣越细,其活性指数,对混凝土强度贡献大,但相应混凝土的水化热和收缩有所加大。

30 μm

图4.1　粒化高炉矿渣粉的扫描电子显微镜照片

4.2.2　特性与技术要求

矿渣粉作为混凝土掺合料,不仅能取代水泥,取得较好的经济效益(其生产成本低于水泥),而且能显著改善和提高混凝土的综合性能,如改善工作性、降低水化热、减小干缩率、提高抗冻/抗渗性能、提高抗腐蚀能力、改善后期强度和耐久性等。矿渣粉不仅适用于配制高强、高性能混凝土,而且也十分适用于中强混凝土、大体积混凝土,以及各类地下和水下混凝土工程。根据国内外经验,使用矿渣微粉配制高强或超高强混凝土(≥

C100)是行之有效、比较经济实用的技术途径,是当今混凝土技术发展的趋势之一。

国家标准《用于水泥和混凝土中的粒化高炉矿渣粉》(GB/T 18046)规定,混凝土制备时所使用的粒化高炉矿渣粉应符合表 4.2 的要求。此外,矿渣中也不得混有外来夹杂物,如含铁尘泥、硬矿渣等。

表 4.2 矿渣粉的技术指标和分级

项目		级别			测试标准
		S105	S95	S75	
密度/(g·cm^{-3}) ≥			2.8		GB/T 208
比表面积/(m^2·kg^{-1}) ≥		500	400	300	GB/T 8074
活性指数/%	7 d ≥	95	75	55	GB/T 18046
	28 d ≥	105	95	75	
流动度比/% ≥			95		GB/T 2419
含水量(质量分数)/% ≤			1.0		GB/T 18046
SO$_3$ 质量分数/% ≤			4.0		GB/T 176
氯离子质量分数/% ≤			0.06		JC/T 420
烧失量(质量分数)/% ≤			3.0		GB/T 176
玻璃体质量分数/% ≥			85		GB/T 18046
放射性			合格		GB 6566

4.3 火山灰质材料

火山灰质材料中多含有较大量的活性 SiO_2 或 Al_2O_3,因此可以与石灰或者水泥水化所释放出的 $Ca(OH)_2$ 发生化合作用并生成具有水硬性的反应产物。在混凝土中引入火山灰质掺合料,不仅可以改善混凝土的某些结构与性能,同时还可以起到节约水泥、降低成本和利废环保的作用。

4.3.1 分类

火山灰质掺合料也可以根据其活性物质反应特征分为三种类型,见表 4.3。

表 4.3　火山灰质掺合料的主要类型

类　型	活性物质	典型矿物
含水硅酸质	无定型 SiO_2 或 $SiO_2 \cdot nH_2O$	硅藻土、硅藻页岩、蛋白石、硅灰、硅质渣等
铝硅酸盐玻璃质	铝硅酸盐玻璃体	火山灰、凝灰岩、玄武岩、安山岩、浮石、粉煤灰、液态渣等
烧黏土质	脱水黏土矿物	煅烧黏土、煤矸石灰渣、沸腾炉渣、煤渣、页岩渣等

　　火山灰质材料按其成因可分为天然的和人工的两大类,建工行业标准《水泥砂浆和混凝土用天然火山灰质材料》(JG/T 315)对火山灰质掺合料如火山灰(渣)、玄武岩、凝灰岩、沸石岩、浮石岩、安山岩等技术指标做出了规定。

4.3.2　特性与技术要求

1. 天然沸石粉

　　以碱金属或碱土金属的含水铝硅酸盐矿物为主要成分的岩石,经磨细制成的粉状物料,称为天然沸石粉,简称沸石粉。沸石粉具有很大的内表面积和开放性结构,平均粒径为 $5.0 \sim 6.5\ \mu m$。沸石粉的比表面积大,同时含有较大量的活性 SiO_2 和 Al_2O_3,因此可以与水泥水化生成的氢氧化钙反应,生成胶凝性物质。沸石粉用作混凝土掺合料有助于改善混凝土的工作性,特别是显著提高混凝土混合料的保水性,减少泌水,同时也有助于提高混凝土的力学强度、抗渗性和抗冻性,抑止碱—骨料反应,因此可用于配制高强混凝土、流态混凝土、泵送混凝土等。

　　建工行业标准《混凝土和砂浆用天然沸石粉》(JG/T 3048)规定,根据沸石粉的吸铵值、细度等指标将混凝土中使用的天然沸石粉分成三个质量等级,其具体技术要求见表 4.4。

表 4.4　沸石粉的技术要求

技术指标		质量等级			测试标准
		I	II	III	
吸铵值	$\geqslant$	130	100	90	JG/T 3048
细度(80 μm 方孔水筛筛余)/%	$\leqslant$	4	10	15	GB/T 1345

续表4.4

技术指标		质量等级			测试标准
		Ⅰ	Ⅱ	Ⅲ	
需水量比/%	≤	125	120	120	JG/T 3048
28 d 抗压强度比/%	≥	75	70	62	JG/T 3048

沸石岩系有几十个品种,用作混凝土掺合料的主要为斜发沸石和丝光沸石。沸石粉用作混凝土掺合料主要有以下几点效果。

① 提高混凝土强度,配制高强混凝土。如用 42.5 强度等级普通硅酸盐水泥,以等量取代法掺入 10%～15% 的沸石粉,再加入适量的高效减水剂,可以配制出抗压强度为 70 MPa 的高强混凝土。

② 改善混凝土工作性,配制流态混凝土及泵送混凝土。沸石粉与其他矿物掺合料一样,也具有改善混凝土工作性及可泵性的功能。例如,以沸石粉取代等量水泥配制坍落度 160～200 mm 的泵送混凝土,未发现离析现象及管道堵塞现象,同时还节约了 20% 左右的水泥。

2. 其他天然火山灰质材料

天然火山灰质材料的技术要求见表 4.5。

表 4.5　天然火山灰质材料的技术要求

项　目			技术指标	测试标准
细度(45 μm 方孔筛筛余)(质量分数)/%		≤	20	GB/T 1345
流动度比/%	火山灰	≥	85	JG/T 315
	玄武岩、安山岩、凝灰岩		90	
	浮石粉		65	
28 d 活性指数/%		≥	65	JG/T 315
烧失量(质量分数)/%		≤	8.0	GB/T 176
SO₃ 质量分数/%		≤	3.5	GB/T 176
氯离子质量分数/%		≤	0.06	GB/T 176
含水量(质量分数)/%		≤	1.0	JG/T 315

续表4.5

项　　目	技术指标	测试标准
火山灰性(选择性指标)	合格	GB/T 2847
碱含量(质量分数)/%	由买卖双方协商确定	GB/T 176
放射性	合格	GB 6566

4.4　粉　煤　灰

　　粉煤灰是从电厂煤粉炉烟道气体中收集的细小粉末,属铝硅酸盐玻璃质火山灰活性材料,其颗粒多呈球形,表面光滑,色灰或淡灰;平均粒径一般在8～20 μm,比表面积可达 $300～600 \, m^2 \cdot kg^{-1}$。目前,粉煤灰混凝土已被广泛用于土木、水利建筑工程以及预制混凝土制品生产等方面。在配制混凝土时,粉煤灰一般可取代混凝土中水泥用量的 $20\%～40\%$,通常与减水剂、引气剂等同时掺用。

4.4.1　成分与分类

1. 成分

　　粉煤灰的主要化学成分为 SiO_2(质量分数 $45\%～60\%$)、Al_2O_3(质量分数 $20\%～30\%$)、Fe_2O_3(质量分数 $5\%～10\%$),此外还含有少量 CaO、MgO 和未燃炭。在碱性条件下,粉煤灰中的 SiO_2 和 Al_2O_3 能够与水泥水化生成的 $Ca(OH)_2$ 发生反应,生成不溶性的水化硅酸钙和水化铝酸钙。粉煤灰的主要组成为直径在微米级范围的实心微珠和空心微珠以及少量的多孔玻璃体、玻璃体碎块、结晶体和未燃尽炭粒等。

2. 分类

　　粉煤灰按其排放方式的不同,分为干排灰与湿排灰两种。湿排灰含水量大、活性降低较多,质量不如干排灰。

　　粉煤灰按煤种分为 F 类粉煤灰和 C 类粉煤灰两种。前者是由无烟煤或烟煤煅烧收集得到,颜色为灰色或深灰色;后者是由褐煤或次烟煤煅烧收集而来,其 CaO 含量以质量百分比计一般大于 10%,称为高钙粉煤灰,颜色褐黄。高钙粉煤灰可能含有较大量的游离氧化钙(f−CaO),会对混凝土的力学强度带来一定负面影响,更会危及混凝土的安定性,因此高钙粉煤灰在混凝土中的应用必须慎重。

4.4.2 特性与品质要求

粉煤灰的品质指标直接关系到其在混凝土中的作用效果。混凝土对粉煤灰的品质要求,除限制其有害组分含量和一定细度外,主要着重于其强度活性。粉煤灰的活性来自玻璃体;玻璃体含量越高,则粉煤灰的活性也大。铝硅玻璃体在常温常压条件下,可与水泥水化生成的 $Ca(OH)_2$ 发生化学反应,生成具有胶凝作用的 C—S—H 水化产物,表现出潜在的化学活性。

颗粒形状及大小也对粉煤灰的活性有一定影响,细小、密实的球形颗粒对所配制粉煤灰混凝土的性能特别是流动性具有积极贡献,而不规则多孔玻璃体和未燃炭粒的存在则对混凝土不利。粉煤灰细度越大,其微骨料效应越显著,需水量比也越低,其矿物减水效应越显著;通常细度小、需水量比低的粉煤灰(Ⅰ级灰),其化学活性也较高,粉煤灰的微观形貌如图4.2所示。

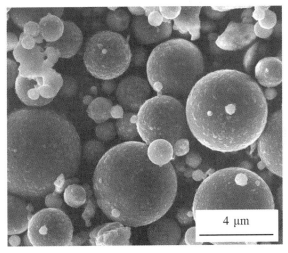

图 4.2　粉煤灰的扫描电子显微镜照片

烧失量主要来自含碳量。未燃尽的炭粒是粉煤灰中的有害成分,炭粒多孔,比表面积大,吸附性强,强度低,带入混凝土后,不但影响混凝土的需水量,还会导致外加剂用量大幅度增加;对硬化混凝土来说,炭粒影响了水泥浆的黏结强度,成为混凝土中强度的薄弱环节,还会增大混凝土的干缩值。

粉煤灰在混凝土中的作用归结为物理作用和化学作用两方面。由于粉煤灰具有玻璃微珠的颗粒特征,对减少混凝土混合料的用水量,改善混凝土的流动性、保水性和可泵性,提高混凝土的密实程度均具有优良的作用效果。粉煤灰的潜在活性效应只有在较长龄期才会明显地表现出来,对混凝土后期强度的增长较为有利,同时还可降低水化热,抑制碱—骨料反应,提高抗渗、抗化学腐蚀等耐久性能。但通常掺粉煤灰混凝土的凝结时间会有所延长、早期强度也有所降低。

在《用于水泥和混凝土中的粉煤灰》(GB/T 1596)中,将粉煤灰按细度、烧失量和需水量比(掺 30%粉煤灰的水泥浆标准稠度用水量和纯水泥浆标准稠度用水量之比)分为三个等级。粉煤灰的技术要求见表 4.6。

表 4.6 粉煤灰等级与质量

项 目			技术要求			测试标准
			I	II	III	
细度(45 μm 方孔筛筛余)/%	F 类粉煤灰	≤	12.0	25.0	45.0	GB/T 1596
	C 类粉煤灰					
需水量比/%	F 类粉煤灰	≤	95	105	115	GB/T 1596
	C 类粉煤灰					
烧失量(质量分数)/%	F 类粉煤灰	≤	5.0	8.0	15.0	GB/T 176
	C 类粉煤灰					
含水量(质量分数)/%	F 类粉煤灰	≤	1.0			GB/T 1596
	C 类粉煤灰					
SO_3 质量分数/%	F 类粉煤灰	≤	3.0			GB/T 176
	C 类粉煤灰					
游离氧化钙质量分数/%	F 类粉煤灰	≤	1.0			GB/T 176
	C 类粉煤灰		4.0			
安定性(雷氏夹沸煮后增加距离)/mm	C 类粉煤灰	≤	5.0			GB/T 1346

根据经验通常认为,I 级粉煤灰适用于普通钢筋混凝土工程和跨度小于 6 m 的预应力混凝土构件;II 级粉煤灰主要用于普通钢筋混凝土及素混凝土;III 级粉煤灰主要用于中低强度等级的素混凝土或以代砂方式掺用的混凝土工程。

4.5 硅 灰

硅灰,又称硅粉,是冶炼硅铁合金或工业体硅时排出的烟道粉尘,经收集得到的以无定形二氧化硅为主要成分的粉体材料,代号为SF。以水为基体形成的含有一定数量硅灰的匀质性浆料,则称为硅灰浆,代号为SF-S。

硅灰呈灰白色,密度为 $2.1\sim2.2\ \mathrm{g\cdot cm^{-3}}$,松散堆积密度为 $250\sim300\ \mathrm{kg\cdot m^{-3}}$。硅灰中无定形二氧化硅质量分数可达 $85\%\sim96\%$,颗粒呈球形、极细,粒径范围 $0.1\sim1.0\ \mu\mathrm{m}$,比表面积为 $20\sim25\ \mathrm{m^2\cdot g^{-1}}$,因此活性很高,是一种理想的改善混凝土性能的掺合料。根据国家标准《砂浆和混凝土用硅灰》(GB/T 27690)规定,硅灰微观形貌如图4.3所示,硅灰的技术要求应符合表4.7要求。

图 4.3 硅灰的扫描电子显微镜照片

表 4.7 硅灰的技术要求

项 目		指 标	测试标准
总碱量(质量分数)/%	≤	1.5	GB/T 176
SiO_2 质量分数/%	≥	85.0	GB/T 18736
氯含量(质量分数)/%	≤	0.1	JC/T 420
含水率(粉料)(质量分数)/%	≤	3.0	GB/T 176
烧失量(质量分数)/%	≤	4.0	GB/T 176

续表4.7

项　　目		指　　标	测试标准
需水量比/%	≤	125	GB/T 18736
比表面积(BET法)/($m^2 \cdot g^{-1}$)	≥	15	GB/T 19587
活性指数(7 d快速法)/%	≥	105	GB/T 27690
放射性		$I_{ra} \leqslant 1.0$ 且 $I_r \leqslant 1.0$	GB 6566
抑制碱骨料反应特性(14 d膨胀率降低值)/%	≥	35	GB/T 27690
抗氯离子渗透性(28 d电通量之比)	≤	40	GB/T 50082

硅灰可显著提高混凝土强度,主要用于配制高强、超高强混凝土。硅灰以10%等量取代水泥,混凝土强度可提高25%以上。掺入水泥质量5%~10%的硅灰,可配制出28 d强度达100 MPa的超高强混凝土。掺入水泥质量20%~30%的硅灰,可配制出抗压强度达200~800 MPa的活性粉末混凝土。但是,随着硅灰掺量的增大,混凝土需水量增大,其自收缩性也会增大。因此,硅灰掺量一般取5%~10%,有时为了配制超高强混凝土,也可掺入20%~30%的硅灰。

硅灰还可改善混凝土的孔隙结构,提高耐久性。混凝土中掺入硅灰后,虽然水泥石的总孔隙与不掺时基本相同,但大孔隙减少,微细孔隙增加,水泥石的孔隙结构得到显著改善。因此,掺硅灰混凝土耐久性明显提高。试验结果表明,硅灰掺量10%~20%时,抗渗性、抗冻性有较大幅度提高。掺入水泥质量4%~6%的硅灰,还可有效抑制碱-骨料反应。

硅灰混凝土的抗冲磨性随硅灰掺量的增加而提高。与其他抗冲磨材料相比,硅灰混凝土具有价格低廉、施工方便等优点,适用于水工建筑物的抗冲刷部位及高速公路路面。

硅灰能改善混合料的黏聚性和保水性,提高混凝土抗渗、抗冻和抗侵蚀能力,适用于要求抗溶出性侵蚀及抗硫酸盐侵蚀的工程。

硅灰颗粒极细,比表面积大,其需水量为普通水泥的130%~150%,因此混凝土混合料的流动性随硅灰掺量的增加而减小。为了保持混凝土流动性,必须掺用高效减水剂。掺硅灰后,混凝土含气量略有减小。为了保持混凝土含气量不变,必须增加引气剂用量。当硅灰掺量为10%时,一般引气剂用量需增加2倍左右。

目前,硅灰在国外被广泛应用于高强混凝土中。在我国,则因其产量很低,目前价格很高,出于经济考虑,混凝土强度低于80 MPa时,一般不考虑掺用硅灰。今后随着硅灰回收工作的开展,产量将逐渐提高,硅灰的应用将更加普遍。

4.6 其他品种的掺合料

4.6.1 活性掺合料

1. 钢渣粉

由符合《用于水泥中的钢渣》(YB/T 022)标准规定的转炉或电炉钢渣(简称钢渣),经磁选除铁处理后粉磨达到一定细度要求的产品,称为钢渣粉。粉磨时允许加入适量符合质量要求的石膏和助磨剂。按冶炼方法的不同,可将钢渣分为转炉钢渣和电炉钢渣;按熔渣性质的不同,可将钢渣分为碱性渣和酸性渣。

目前我国排放的钢渣 70% 是转炉钢渣。钢渣的主要化学成分有 CaO、SiO_2、FeO、Al_2O_3、MgO 等;矿物组成则相对复杂,主要有硅酸二钙 (C_2S)、硅酸三钙 (C_3S)、铁酸二钙 (C_2F)、钙镁橄榄石 (CMS)、钙镁蔷薇辉石 (C_3MS_2)、RO 相 $(MgO、FeO$ 和 MnO 的固熔体)及少量的游离氧化钙 $(f-CaO)$ 和 $Ca(OH)_2$ 等;CaO 与 SiO_2 含量的比值对钢渣中硅酸二钙和硅酸三钙的含量有较大影响。

《用于水泥和混凝土中的钢渣粉》(GB/T 20491)规定,钢渣粉应满足表 4.8 所示技术要求,其中碱度系数为化学成分中碱性氧化物 (CaO) 与酸性氧化物 $(SiO_2+P_2O_5)$ 的质量之比。

表 4.8 混凝土用钢渣粉的技术要求

项 目		一级	二级	测试标准
比表面积/$(m^2 \cdot kg^{-1})$	≥	400		GB/T 8074
密度/$(g \cdot cm^{-3})$	≥	2.8		GB/T 208
含水量(质量分数)/%	≤	1.0		GB/T 18046
游离氧化钙质量分数/%	≤	3.0		YB/T 140
SO_3 质量分数/%	≤	4.0		GB/T 176
碱度系数	≥	1.8		YB/T 140
活性指数/%	7 d	≥	65	55	GB/T 20491
	28 d		80	65	

续表4.8

项　　目		一级	二级	测试标准
流动度比/%		≥	90	GB/T 20491
安定性	沸煮法	合格		GB/T 1346
	压蒸法	当钢渣中 MgO 质量分数大于13%时应检验合格		GB/T 750

　　钢渣作为活性矿物质加入到混凝土中,对混凝土工作性能有一定改善作用,通常表现为保水性和黏滞性的改善,同时混合料的流动性增强,坍落度经时损失有所减小。但钢渣过细时,其表面积显著增大,需水量相应提高,再加上钢渣内部矿物与水的接触面积也增大,加快了水化反应速度,可能影响其对混凝土流动性和坍落度经时损失的改善效果。

　　钢渣的化学组成与硅酸盐水泥相似且具有一定的胶凝活性,但其胶凝性能远低于水泥,原因主要在于:首先,钢渣形成于高温环境中(1 650~1 750 ℃),冷却过程却较为缓慢,导致硅酸盐矿物的结构紧密、晶状完整,尤其是硅酸二钙会以 γ 晶型存在,降低了活性,影响了其水化速度;其次,少量的 P_2O_5 等成分对钢渣的水化活性也有一定负面作用。尽管如此,实践经验表明,适宜的钢渣掺入量仍有助于提高混凝土的抗压强度,长期强度增长率较为明显。

　　钢渣对混凝土耐久性能方面的影响主要表现为:加入钢渣后,减少了水泥的用量,水化产物中氢氧化钙的含量略有降低,碱度下降,对二氧化碳的吸收能力减弱,影响混凝土的抗碳化性能;钢渣的加入使得混凝土孔隙结构发生变化,孔隙率降低,毛细孔隙得到细化,密实度提高,提高混凝土的抗渗性,降低氯离子的扩散系数;另一方面,由于钢渣自身具有一定活性,有助于改善对混凝土体系胶凝材料水化产物,同时减少水泥的用量、间接增大了水灰比,使水泥的水化环境得到优化。

　　钢渣应用于混凝土对混凝土的各方面性能都有一定的改善作用,但钢渣混凝土也存在可能出现安定性不良、质量控制难度大等技术问题,再加上钢渣粉磨困难,物相组成和理化特性复杂,在一定程度上影响了钢渣粉在混凝土中的应用推广。

2. 磷渣粉

　　以粒化高炉磷渣为主,加入少量石膏共同粉磨制成的符合一定细度要求的粉体,称为粒化高炉磷渣粉,简称磷渣粉。粉磨过程中,可加入符合《水泥助磨剂》(GB/T 26748)有关规定的助磨剂,加入量不应超过磷渣粉总质量的 0.5%。

磷渣以玻璃态为主,其玻璃体质量分数达 85%～90%。矿相组成上,磷渣含有较大量的假硅灰石 α－CS 和硅钙石 C3S2 等硅酸钙矿物,副矿物有磷灰石、金红石等,此外也可能含有石英、方解石、萤石等杂质矿物。国家标准《用于水泥和混凝土中的粒化高炉磷渣粉》(GB/T 26751)规定,粒化高炉磷渣粉应满足表 4.9 所示技术要求。

表 4.9　混凝土用磷渣粉的技术要求

项　　目		级别			测试标准
		L95	L85	L70	
比表面积/(m² · kg⁻¹)	≥	350			GB/T 8074
密度/(g · cm³)	≥	2.8			GB/T 208
烧失量(质量分数)/%	≤	3.0			JC/T 1088
含水量(质量分数)/%	≤	1.0			GB/T 18046
五氧化二磷质量分数/%	≤	3.5			JC/T 1088
碱含量(Na₂O＋0.658K₂O,质量分数)/%	≤	1.0			JC/T 1088
SO₃ 质量分数/%	≤	4.0			JC/T 1088
氯离子质量分数/%	≤	0.06			JC/T 1088
玻璃体质量分数/%	≥	80			GB/T 18046
活性指数/%	7 d ≥	70	60	50	GB/T 26751
	28 d	95	85	70	
流动度比/%	≥	95			GB/T 20491
放射性		合格			GB 6566

磷渣的矿物成分与水泥熟料类似,性能上与水淬高炉矿渣接近,具有一定的潜在活性。影响磷渣活性的因素有化学组成、玻璃化程度、细度以及激发组分的种类和掺量等。行业标准《混凝土用粒化电炉磷渣粉》(JG/T 317)规定,混凝土用磷渣粉的质量系数 K 应不低于 1.10,其计算公式如下:

$$K = \frac{w(CaO) + w(MgO) + w(Al_2O_3)}{w(SiO_2) + w(P_2O_5)}$$

式中,$w(CaO)$、$w(MgO)$、$w(Al_2O_3)$、$w(SiO_2)$、$w(P_2O_5)$分别为磷渣粉中 CaO、MgO、Al_2O_3、SiO_2、P_2O_5 的质量分数。

磷渣的掺入有助于降低混凝土用水量,掺磷渣混凝土具有和易性好、早期水化热低、后期强度较高、极限拉伸值较大等特点。不过受到磷渣中 P_2O_5 等有害杂质的影响,磷渣混凝土的凝结时间较为缓慢,早期强度偏低;另一方面,磷渣中往往含有少量铀、镭等放射性核素,可能对人体健康构成潜在威胁。

3. 硅锰渣粉

硅锰渣的化学成分主要以 CaO 和 SiO_2 为主,两者质量分数在 55% 以上,其次是 Al_2O_3、MnO、MgO、Fe_2O_3、SO_3 等。硅锰渣的矿物组成与冷却工艺和温度有关,水淬渣中玻璃体质量分数达 90% 以上,其余为镁蔷薇辉石($3CaO \cdot MgO \cdot 2SiO_2$)、镁黄长石($2CaO \cdot MgO \cdot 2SiO_2$)、钙铝黄长石($2CaO \cdot Al_2O_3 \cdot SiO_2$)、硅酸二钙($C_2S$)以及少量的硅酸三钙($C_3S$)等结晶矿物。大量的玻璃体结构使得硅锰渣具有较高的潜在活性,影响硅锰渣活性的因素主要有化学组成、玻璃化程度、细度以及激发组分的种类和掺量等。

行业标准《用于水泥和混凝土中的硅锰渣粉》(YB/T 4229)对硅锰渣粉的性能指标做出了严格规定,见表 4.10。

表 4.10　混凝土用硅锰渣粉的技术要求

项　　目		指标	测试标准
比表面积/($m^2 \cdot kg^{-1}$)	≥	400	GB/T 8074
密度/($g \cdot cm^{-3}$)	≥	2.8	GB/T 208
含水量(质量分数)/%	≤	1.0	YB/T 4229
SO_3 质量分数/%	≤	4.0	GB/T 176
氯离子质量分数/%	≤	0.06	JC/T 420
活性指数/%	7 d	60	YB/T 4229
	28 d	70	
流动度比/%	≥	95	YB/T 4229
放射性		应符合 GB 6566 规定	GB 6566

随着硅锰渣的增多,混凝土混合料的坍落度变大,这主要由于随着锰渣掺量增加,水泥用量减少,混凝土早期水化反应较慢,但混凝土混合料的泌水率略有增大。在力学性能方面,混凝土的各龄期强度会随硅锰渣掺量的增加而下降,特别是大掺量的情况下。当掺入适量的锰渣时,混凝土的抗渗等级有一定的提高,但抗冻性和耐磨性可能会受到一定影响。

4. 锂渣粉

锂辉石矿石提锂后产生的废渣,经干燥、粉磨达到一定细度的以无定形二氧化硅和三氧化二铝为主要成分的粉体材料,称为锂渣粉。

锂渣外观呈土黄色粉末,自然干燥条件下含有少量水分。锂渣的化学成分与粉煤灰接近,同样含有丰富的无定形二氧化硅和三氧化二铝,而且具有疏松多孔、内比表面积大的特点,因此具有的反应活性甚至高于矿渣粉和粉煤灰,适合用作混凝土的活性掺合料。

冶金行业标准《用于水泥和混凝土中的锂渣粉》(YB/T 4230)对混凝土所使用的锂渣粉性质指标做出了具体要求,见表4.11。

表 4.11　混凝土用锂渣粉的技术要求

项　　目			指标	测试标准
比表面积/$(m^2 \cdot kg^{-1})$		$\geqslant$	400	GB/T 8074
密度/$(g \cdot cm^{-3})$		$\geqslant$	2.4	GB/T 208
含水量(质量分数)/%		$\leqslant$	1.5	YB/T 4230
SO_3 质量分数/%		$\leqslant$	4.0	GB/T 176
氯离子质量分数/%		$\leqslant$	0.06	JC/T 420
玻璃体质量分数/%		$\geqslant$	80	GB/T 18046
活性指数/%	7 d	$\geqslant$	70	YB/T 4230
	28 d		95	
需水量比/%		$\leqslant$	115	YB/T 4230
水浸安定性			合格	YB/T 4230
放射性			合格	GB 6566

掺锂渣粉的混凝土表现出较高的强度和较好的抗冲磨性和抗冻性。此外,锂渣粉中以 SO_4^{2-} 形式存在的三氧化硫含量远高于一般的掺合料,使得锂渣粉混凝土具有早期微膨胀性,可提高混凝土材料抗渗透性。

4.6.2　非活性掺合料

1. 石灰石粉

石灰石粉具有如下作用:填充作用——使浆体结构密实;稀释作用——加速水泥的水化,提高水泥的水化程度;化学反应——生成碳铝酸盐。

石灰石粉是惰性混合材,质软,易磨细。掺入石灰石粉可以增加浆体含量,改善黏聚性,提高泵送性能。在我国许多水电工程中均采用了石粉取代部分细骨料,取得了良好的效果。石粉在一定掺量范围内具有微集料效应,能改善混凝土混合料的和易性,对混凝土的凝结时间几乎没有影响。在我国许多水电工程中,采用了石灰石粉作为矿物掺合料。龙滩水电站中采用石粉取代 25％的粉煤灰,共同作为混凝土掺合料,对碾压混凝土的VC 值影响不大,不影响其抗压强度、劈拉强度和抗渗性能。可以降低混凝土的绝热温升3～5 ℃,这对于减小温度应力,提高混凝土抗裂能力非常有利。石灰石作为惰性材料,在自然环境中资源丰富,来源广泛,将磨细石灰石粉作为混凝土的矿物掺合料,可促进水泥水化,降低混凝土水化热,改善混凝土的工作性能、力学性能,提高混凝土早期强度。科学合理地利用石灰石粉,可以为解决现有矿物掺合料供应紧张局面,为降低混凝土生产成本提供一条有效途径。

石灰石微粉对水泥早期水化过程产生物理和化学两方面的作用:比表面积越大,作用程度越明显;石灰石有效掺入量与熟料质量和数量间存在一个合理比值。石灰石对水泥性能的影响受到固定用水量的限制,以至于碱水作用不能发挥,表现出对早期强度的降低幅度小于后期、标准稠度用水量降低、凝结时间加快等现象;由于石灰石易磨性较好可以获得较高的磨机产量,但使得水泥颜色变浅;石灰石对混凝土性能的影响呈现出良好的碱水效应、早强效应、增加流动度效应,具有较差的抗硫酸盐侵蚀和抗冻融能力,较粗的石灰石具有较大的收缩值;必须注意石灰石中伴生和共生矿物对水泥性能的影响。

掺加石灰岩粉可以改变混凝土外表颜色,能够和粉煤灰产生叠加效应,降低水化热,补偿粉煤灰混凝土早期不足缺陷;具有保水、防止离析和泌水、改善混凝土工作性。通过宁夏路桥三年施工验证,石灰岩粉和粉煤灰绿色高性能混凝土具有“良好的流动性、体积稳定性、易密性、可泵性”,易于浇注、振捣和密实,通过聚羧酸减水剂使其具有早期强度高、后期强度持续增加,增加梁板结构 25％应力储备。其抗冻性、抗渗性、耐磨性、耐腐蚀性、抗碳化性及抑制碱集料反应均优于普通混凝土。

石灰石粉促进了水泥的早期强度,但对后期强度不利。通过实验可以看出:掺石灰石粉对胶凝材料的强度在初期开始有影响,但对后期,特别是第 28 天影响比较大,之后逐渐降低,特别是在石灰石粉掺量大于 22％的时候,强度开始逐步降低,且降低得比较明显。山东众森科技股份有限公司研发人员在石灰石粉应用过程中,针对掺石灰石粉胶凝材料,做了些研究工作,通过石灰石粉胶凝材料专用添加剂,弥补了石灰石粉胶凝材料的某些缺陷,改善了石灰石粉胶凝材料的某些性能。《石灰石粉混凝土》(GB/T 30190)规定的石灰石粉的技术要求见表4.12。

表 4.12 石灰石粉技术要求

项　　目		技术要求	测试标准
碳酸钙质量分数/%	≥	75	GB/T 5762
细度(45 μm 方孔筛筛余)/%	≤	15	GB/T 30190
活性指数/%	7 d　≥	80	
	28 d　≥	60	
流动度比/%	≥	100	
含水量/%	≤	1.0	
MB 值	≤	1.4	
放射性		合格	GB 6566
碱含量(按 $Na_2O+0.658K_2O$ 计,质量分数)		供需双方协商确定	GB/T 176

2. 铁尾矿粉

铁矿选矿过程中排放出的粉状固体废弃物,其主要矿物组成包括石英石、赤铁矿、角闪石、磁铁矿等。铁尾矿粉的活性并不高,部分甚至属于酸性渣。

一定量铁尾矿粉的掺入,可使混凝土获得良好的工作性能。各项检测结果应符合规范标准要求。铁尾矿粉粒径极小,如将其作为混凝土掺合料,可起到"微骨料"填充作用,密实胶凝材料的颗粒结构,并以此提高混凝土的相关性能。将铁尾矿粉添加到混凝土中,不但将铁尾矿废弃资源变废为宝,减少废弃资源堆积带来的种种弊端,同时还可以丰富混凝土掺合料的种类,增加市场供应,带来极高的社会和经济价值。

4.7　复合矿物掺合料

单一矿物掺合料有自身的特点,工程中往往对掺合料有多种需要,为此国家行业标准《混凝土用复合掺合料》(JG/T 486)对其技术性质提出了明确的要求,见表4.13。

表 4.13　复合掺合料的技术要求

序号	项　目		普通型			早强型	易流型
			Ⅰ 级	Ⅱ 级	Ⅲ 级		
1	细度(45 μm 方孔筛筛余)(质量分数)/%		≤12	≤25	≤30	≤12	≤12
2	流动度比/%		≥105	≥100	≥95	≥95	≥110
3	活性指数/%	1 d	—	—	—	≥120	—
		7 d	≥80	≥70	≥65	—	≥65
		28 d	≥90	≥75	≥70	≥110	≥65
4	胶砂抗压强度增长比		≥0.95			≥0.90	
5	含水量(质量分数)/%		≤1.0				
6	氯离子质量分数/%		≤0.06				
7	SO₃ 质量分数/%		≤3.5			≤2.0	
8	安定性	沸煮法	合格				
		压蒸法	压蒸膨胀率不大于 0.50%				
9	放射性		合格				

4.8　矿物外加剂

　　为满足高强高性能混凝土生产需要,在混凝土搅拌过程中可加入具有一定细度和活性的某些矿物类产品,称为矿物外加剂,代号为 MA,主要包括磨细矿渣、磨细粉煤灰、磨细天然沸石、硅灰、偏高岭土,用于改善新拌和硬化混凝土性能特别是耐久性。

　　与混凝土所使用的普通矿物掺合料相比,高强高性能混凝土生产所使用的矿物外加剂的细度更大,比表面积更高,因此也具有了更高的火山灰反应活性,"微骨料"充填效应也更为明显,尽管相应的需水量会有所增大,但以同龄期强度对比得到的活性指数仍有明显提高。

　　《高强高性能混凝土用矿物外加剂》(GB/T 18736)规定,矿物外加剂依据性能指标将磨细矿渣分为 2 级,其技术要求应符合表 4.14 的规定。

表 4.14 矿物外加剂的技术要求

试验项目		磨细矿渣 I	磨细矿渣 II	粉煤灰	磨细天然沸石	硅灰	偏高岭土
MgO 质量分数/%	≤	14.0		—	—	—	4.0
SO$_3$ 质量分数/%	≤	4.0		3.0	—	—	1.0
烧失量质量分数/%	≤	3.0		5.0	—	6.0	4.0
氯离子质量分数/%	≤	0.06		0.06	0.06	0.10	0.06
SiO$_2$ 质量分数/%	≥	—	—	—	—	85	50
Al$_2$O$_3$ 质量分数/%	≥	—	—	—	—		35
游离氧化钙质量分数/%	≤	—	—	1.0	—		1.0
吸铵值/(mmol·kg^{-1})	≥	—	—	—	1 000	—	
含水量(质量分数)/%	≤	1.0		1.0		3.0	1.0
细度 比表面积/(m^2·kg^{-1})	≥	600	400	—		15 000	
细度 45 μm 方孔筛筛余(质量分数)/%	≤		25.0	5.0	5.0	5.0	
需水量比/%	≤	115	105	100	115	125	120
活性指数/% ≥ 3 d		80	—	—	—	90	85
活性指数/% ≥ 7 d		100	75	—	—	95	90
活性指数/% ≥ 28 d		110	100	70	95	115	105

第5章 混凝土用纤维

纤维混凝土是近年来迅速发展起来的一种新型复合材料,具有优良的抗裂、抗弯曲、耐磨、耐冲刷等特性。纤维混凝土是在混凝土基体中引入了乱向均匀分布的短纤维材料,因此不仅具有普通混凝土的优良特性,同时由于纤维的存在限制了混凝土裂缝的开展,从而使原来本质上是脆性的混凝土材料呈现出很高的韧性和延性,以及优良的耐磨等特性。

5.1 概 述

纤维增强材料分为天然和人工两大类(表5.1)。

表5.1 纤维增强材料分类

纤维增强材料
- 天然
  - 无机—石棉纤维
  - 有机—各种植物纤维:木浆、竹浆、剑麻、亚麻、黄麻、甘蔗纤维等
- 人工
  - 无机—钢纤维、玻璃纤维、矿物纤维、碳纤维等
  - 有机—聚丙烯、聚乙烯、尼龙等合成纤维

为了得到性能良好又经济的纤维增强混凝土,所采用的纤维一般应满足下列要求:

①有足够的抗拉强度;

②对基体材料有长期的耐侵蚀性;

③有足够的大气稳定性和一定的耐热性;

④有较高的弹性模量;

⑤来源广,价格便宜,使用方便,对人体健康无不良影响等。

目前应用最广的是钢纤维、玻璃纤维、合成纤维等,各种纤维的性能见表5.2。

表5.2 各种纤维的物理力学性能

纤维种类	抗拉强度/MPa	弹性模量/MPa	延伸率/%	相对密度
钢	280~4 200	210 000	0.5~3.5	7.8
碳	2 800	270 000	—	—

续表5.2

纤维种类	抗拉强度/MPa	弹性模量/MPa	延伸率/%	相对密度
玻璃	1 000~4 100	70 000	1.5~3.5	2.5
石棉	560~990	84 000~140 000	约0.6	3.2
尼龙	770~870	4 200	16~20	1.1
聚丙烯	560~770	3 500	约25	0.90
聚乙烯	约770	100~400	约10	0.95
丙烯酸	240~400	2 100	25~45	1.1
酰胺	420~840	2 400	15~25	—
人造丝	400~650	7 000	10~25	—

5.2 常用纤维增强材料

1. 钢纤维

钢纤维混凝土由于大量很细的钢纤维均匀地分散在混凝土中,钢纤维与混凝土的接触面积很大,与同样质量的钢筋相比,钢材表面积增加32~64倍,因而在所有方向都能使混凝土得到增强,大大地改善了混凝土的各项性能。

用于配制钢纤维混凝土的钢纤维,根据生产工艺可分为冷拉钢丝切短型、薄板剪切型、钢锭铣削型、钢丝削刮型和熔抽型;按材质可分为碳钢型、低合金钢型和不锈钢型,后者仅当工程处于潮湿环境中才采用;按纤维形状分成平直型和异型,其中异形钢纤维可分为压痕型、波型、端钩型、大头型和不规则麻面型等,常见钢纤维形状如图5.1所示。

《纤维混凝土应用技术规程》(JGJ/T 221)规定,根据不同用途的钢纤维的几何参数符合表5.3要求。

(a)剪切型:压痕型,端钩型钢纤维

图5.1 常见钢纤维形状

（b）剪切型：扭曲型，平直型钢纤维

（c）钢丝切断型钢纤维：端钩型

续图 5.1

表 5.3　钢纤维的几何参数

用　　　途	长度/mm	直径（当量直径）/mm	长径比
一般浇注钢纤维混凝土	20～60	0.3～0.9	30～80
钢纤维喷射混凝土	20～35	0.3～0.8	30～80
钢纤维混凝土抗震框架节点	35～60	0.3～0.9	50～80
钢纤维混凝土铁路轨枕	30～35	0.3～0.6	50～70
层布式钢纤维混凝土复合路面	30～120	0.3～1.2	60～100

钢纤维的技术指标应符合《混凝土用钢纤维》（YB/T 151）的要求，主要技术指标见表 5.4。《钢纤维混凝土》（JG/T 472）中依据抗拉强度的大小将钢纤维分为 5 级，见表 5.5。

表 5.4　钢纤维的主要技术性质

材料名称	密度/(g·cm^{-3})	直径/mm	长度/mm	软化点/能熔点/℃	弹性模量/MPa	抗拉强度/MPa	极限变形/%（×10^{-2}）	泊桑比
低碳钢纤维	7.8	0.25～1.20	15～60	500/1400	200 000	400～1200	4～10	0.3～0.33
不锈钢纤维	7.8	0.25～1.20	15～60	550/1400	200 000	500～1600	4～10	—

表 5.5 钢纤维抗拉强度等级

钢纤维抗拉强度等级	钢纤维抗拉强度 f_{sl}/MPa
380 级	$600 > f_{sl} \geqslant 380$
600 级	$1\,000 > f_{sl} \geqslant 600$
1 000 级	$1\,300 > f_{sl} \geqslant 1\,000$
1 300 级	$1\,700 > f_{sl} \geqslant 1\,300$
1 700 级	$f_{sl} \geqslant 1\,700$

钢纤维的增强效果与钢纤维长度、直径(等效直径)及长径比有关。钢纤维长径比增大,增强作用提高。钢纤维长度太短不起增强作用,太长施工较困难,影响混合料的质量;直径过细在拌和过程中被弯折,过粗则在同样体积率时,其增强效果较差。

试验研究和工程实践表明,钢纤维的长度为 15～60 mm,直径或等效直径为 0.3～1.2 mm,长径比在 30～100 的范围内选用,其增强效果和施工性能均可满足要求。如超出上述范围,经试验在其增强效果和施工性能方面能满足要求时,也可根据需要采用。

钢纤维混凝土中钢纤维的体积率小到一定程度时将不起增强作用,对于不同品种、不同长径比的钢纤维,其最小体积率略有不同,国内外一般以 0.5% 为最小体积率。钢纤维体积率超过 2% 时,混合料的工作性变差,施工较困难,质量难以保证。但在特殊需要时,经试验和采取必要的施工措施,在保证质量和增强效果的情况下,可将钢纤维体积率增大。

2. 玻璃纤维

玻璃纤维是指硅酸盐熔体制成的玻璃态纤维或丝状物。

配制混凝土所用的玻璃纤维一般为耐碱玻璃纤维。耐碱玻璃纤维是在玻璃纤维的基础上加入适量的锆、钛等耐碱性能较好的元素,从而提高玻璃纤维的耐碱侵蚀能力。耐碱玻璃纤维中加入的锆、钛等元素,使玻璃纤维的硅氧结构发生变化,结构更加完善,活性减小,当受碱侵蚀时减缓了化学反应,结构损失较小,相应的强度损失也小。

耐碱玻璃纤维单丝直径为 12～14 μm,常以 200 根单丝集成一束纱线。纱线断面为扁圆形,长轴 0.6 mm,短轴 0.15 mm。其单纤强度大于 1 800 MPa,在掺入混凝土时,一般切成短纤维或者织成网格布使用,短纤维和网格布形貌如图 5.2 所示。玻璃纤维的相对密度为 2.7～2.8 g · cm^{-3},比钢的相对密度小得多,具体要求参见《玻璃纤维短切原丝》(JC/T 896)。

图 5.2　玻璃短纤维和网格布形貌

由于玻璃纤维质地硬脆,在混凝土中难以形成均匀分散,加之即使是耐碱纤维,在混凝土的高碱性环境中长期使用,其耐久性问题一直令人担忧,因此,在普通混凝土中应用很少,但用耐碱玻纤织成网格布,必要时再涂上塑料,在低碱 GRC 条板、排烟道管及薄抹灰外墙外保温防护层上得到了较好的应用。其产品规格与质量应符合《耐碱玻璃纤维网格布》(JC/T 841)的要求。

3. 玄武岩纤维

玄武岩纤维是以天然火山岩为原料生产加工而成的无机纤维,具有高的拉伸强度、剪切强度和弹性模量,良好的化学稳定性和热稳定性,抗老化、耐酸碱,电绝缘性、热绝缘性强。

水泥混凝土和砂浆用短切玄武岩纤维是由连续玄武岩纤维短切而成,长度小于 50 mm,能均匀分散于水泥混凝土或砂浆中。根据《水泥混凝土用短切玄武岩纤维》(GB/T 23265),短切玄武岩纤维按其纤维类型可分为原丝和加捻合股纱,按用途可分为用于混凝土的防裂抗裂纤维(BF)和增韧增强纤维(BZ)以及用于砂浆的防裂抗裂纤维(BSF),其规则和尺寸应符合表 5.6 的规定。

表 5.6　短切玄武岩纤维的规格和尺寸

纤维类型	公称长度/mm		单丝公称直径/μm
	用于水泥混凝土	用于水泥砂浆	
原丝	15～30	6～15	9～25
加捻合股纱	6～50		7～13

短切玄武岩纤维的性能指标应符合表 5.7 的要求,其中力学性能的变异系数不得大于 15%。

表 5.7　短切玄武岩纤维的性能指标

试验项目	用于混凝土的短切玄武岩纤维		用于砂浆的防裂抗裂短切玄武岩纤维（BSF）
	防裂抗裂纤维（BF）	增强增韧纤维（BZ）	
拉伸强度/MPa ≥	1050	1250	1050
弹性模量/GPa ≥	34	40	34
断裂伸长率/％ ≤	3.1		
耐碱性能（单丝断裂强度保留率）/％ ≥	75		

　　短切玄武岩纤维的使用可以减少混凝土和砂浆的早期裂缝，提高混凝土或砂浆的抗渗、抗裂和抗冲击性能，改善耐久性和抗化学侵蚀性，目前已广泛应用于水利、交通、军工、建筑等重点工程中，取得了明显的社会和经济效益。

4. 合成纤维

以合成高分子化合物为原料制成的化学纤维，称为合成纤维。

（1）合成纤维的分类。

《水泥混凝土和砂浆用合成纤维》（GB/T 21120）规定，合成纤维按其材料组成可分为聚丙烯纤维（代号 PPF）、聚丙烯腈纤维（代号 PANF）、聚酰胺纤维（即尼龙 6 和尼龙 66，代号 PAF）、聚乙烯醇纤维（代号 PVAF）等。按其外形粗细可分为单丝纤维（代号 M）、膜裂网状纤维（代号 S）和粗纤维（代号 T）。按其用途可分为用于混凝土的防裂抗裂纤维（代号 HF）和增韧纤维（代号 HZ）、用于砂浆的防裂抗裂纤维（代号 SF）等。

合成纤维的规格根据需要确定，表 5.8 为合成纤维的规格。

表 5.8　合成纤维的规格

外形分类	公称长度/mm		当量直径/mm
	用于水泥砂浆	用于水泥混凝土	
单丝纤维	3～20	6～40	5～100
膜裂网状纤维	5～20	15～40	—
粗纤维		15～60	＞100

（2）合成纤维的技术要求

根据（GB/T 21120）规定，合成纤维的性能指标应符合表 5.9 的要求。

表 5.9　合成纤维的技术性质

项　　目	用于混凝土的合成纤维		用于砂浆合成纤维
	防裂抗裂纤维（HF）	增韧纤维（HZ）	防裂抗裂纤维（SF）
断裂强度/MPa　≥	270	450	270
初始模量/MPa　≥	$3.0×10^3$	$5.0×10^3$	$3.0×10^3$
断裂伸长率/％　≤	40	30	50
耐碱性能（极限拉力保持率）/％　≥	95.0		

（3）聚丙烯纤维。

合成纤维中，耐碱性好的纤维有聚丙烯、聚乙烯和尼龙（聚酰胺），而适于制造增强混凝土的纤维，最引人注目的是聚丙烯纤维。

聚丙烯纤维（PPE）是由丙烯聚合成等规度 97％～98％ 的聚丙烯树脂后经熔融挤压法纺丝制成的纤维。适量聚丙烯纤维可显著提高聚丙烯纤维混凝土的抗冲击性能，同时具有质轻、抗拉强度高、抗裂性好等优点。此外，聚丙烯纤维不锈蚀，其耐酸、耐碱性能也很好，且成本低。用于改善混凝土性能的聚丙烯纤维目前主要有两种：聚丙烯单丝纤维和聚丙烯网状纤维。

①聚丙烯单丝纤维。该纤维又通称聚丙烯纤维，是以聚丙烯为原料，通过添加功能母料改性并经特殊表面处理而成的单丝状纤维，具有分散性好，亲水性强，与水泥基体的黏结强度好等特点，从而能有效提高混凝土的防裂性能。聚丙烯单丝纤维的掺量通常为 0.9～1.8 kg·m^{-3}，其主要参数及质量标准见表 5.10。

表 5.10　聚丙烯纤维主要参数及质量标准

密度 /(g·cm^{-3})		0.91	弹性模量 / MPa　＞	3 500
抗拉强度 / MPa　≥		460	断裂延伸率/％　＞	10
直径/ mm　≥		0.015	熔点/℃	160～17
长度 / mm		6、10、12、15、20、30		

②聚丙烯网状纤维。该纤维又称聚丙烯纤维网，是以聚丙烯为原料经特殊生产工艺制造而成的网状结构，在混凝土中具有良好的分散性和亲水性。在混凝土搅拌过程中，网状结构充分展开，其粗糙的撕裂边缘使纤维与混凝土之间形成极佳的握裹性，从而改善了混凝土的性能，有效提高了混凝土的抗裂性。掺量为：0.9～1.8 kg·m^{-3}。主要参数及质量标准见

表 5.11。

表 5.11 聚丙烯纤维主要参数及质量标准

密度/(g·cm⁻³)		0.91	弹性模量/MPa	>	3 500
抗拉强度/MPa	≥	350	断裂延伸率/%	>	5～10
直径/mm	≥	0.010	熔点/℃		160～170
长度/mm			6、10、12、15、20、30		

聚丙烯网状纤维与单丝纤维的不同之处是它在防止混凝土的裂缝的同时,还可以作为混凝土的次要加强筋提高混凝土的抗冲击能力、抗破碎能力、抗磨损能力,但对混凝土抗折强度的提高并不显著。聚丙烯网状纤维一般用于公路或高速公路的路面和护栏(取代加强钢筋丝网)、飞机跑道和停机坪、隧道或矿井等墙面和顶部的喷射混凝土,水库运河港口等大型水工工程、楼房建筑中的复合楼板(取代钢筋网)、桥梁的主体结构和路面等。由于聚丙烯网状纤维的主要作用是作为次要加强筋来增强混凝土抗冲击能力,再加上它的成本要比单丝纤维高出一倍多,因此没有特殊要求的工程应用并不多。

附录 混凝土原材料涉及的 常用技术标准(规范)

标准(规范)名称	代号、编号
通用硅酸盐水泥	GB 175—2007
建筑材料放射性核素限量	GB 6566—2010
混凝土外加剂	GB 8076—2008
混凝土外加剂应用技术规范	GB 50119—2013
水泥化学分析方法	GB/T 176—2008
铝酸盐水泥	GB/T 201—2016
用于水泥中的粒化高炉矿渣	GB/T 203—2008
水泥密度测定方法	GB/T 208—2014
水泥抗硫酸盐侵蚀试验方法	GB/T 749—2008
水泥压蒸安定性试验方法	GB/T 750—1992
水泥细度检验方法 筛析法	GB/T 1345—2005
水泥标准稠度用水量、凝结时间、安定性	GB/T 1346—2011
用于水泥和混凝土中的粉煤灰	GB/T 1596—2005
白色硅酸盐水泥	GB/T 2015—2005
水泥胶砂流动度测定方法	GB/T 2419—2005
用于水泥中的火山灰质混合材料	GB/T 2847—2005
水泥的命名原则和术语	GB/T 4131—2014
建材用石灰石、生石灰和熟石灰化学分析方法	GB/T 5762—2012
水泥比表面积测定方法 勃氏法	GB/T 8074—2008
混凝土外加剂定义、分类、命名与术语	GB/T 8075—2005
水泥水化热测定方法	GB/T 12959—2008
道路硅酸盐水泥	GB/T 13693—2005
建设用砂	GB/T 14684—2011
建设用碎石、卵石	GB/T 14685—2011

续表

标准(规范)名称	代号、编号
轻集料及其试验方法 第1部分 轻集料	GB/T 17431.1—2010
轻集料及其试验方法 第2部分 轻集料试验方法	GB/T 17431.2—2010
水泥胶砂强度检验方法(ISO法)	GB/T 17671—1999
用于水泥和混凝土中的粒化高炉矿渣粉	GB/T 18046—2008
高强高性能混凝土用矿物外加剂	GB/T 18736—2017
气体吸附BET法测定固态物质比表面积	GB/T 19587—2004
硫铝酸盐水泥	GB/T 20472—2006
用于水泥和混凝土中的钢渣粉	GB/T 20491—2006
水泥混凝土砂浆用合成纤维	GB/T 21120—2007
水泥混凝土和砂浆用短切玄武岩	GB/T 23265—2009
混凝土膨胀剂	GB/T 23439—2009
镁渣硅酸盐水泥	GB/T 23933—2009
钢渣道路水泥	GB/T 25029—2010
用于水泥和混凝土中的粒化电炉磷渣粉	GB/T 26751—2011
砂浆和混凝土用硅灰	GB/T 27690—2011
石灰石粉混凝土	GB/T 30190—2013
普通混凝土长期性能和耐久性能试验方法标准	GB/T 50082—2009
轻骨料混凝土技术规程	JGJ 51—2002
普通混凝土用砂、石质量及检验方法标准	JGJ 52—2006
混凝土用水标准	JGJ 63—2006
纤维混凝土应用技术规程	JGJ/T 221—2010
聚羧酸系高性能减水剂	JG/T 223—2007
水泥砂浆和混凝土用天然火山灰质材料	JG/T 315—2011
混凝土用粒化电炉磷渣粉	JG/T 317—2011
钢纤维混凝土	JG/T 472—2015
混凝土用复合掺合料	JG/T 486—2015
混凝土和砂浆用天然沸石粉	JG/T 3048—1998

续表

标准(规范)名称	代号、编号
水泥原料中氯离子的化学分析方法	JC/T 420—2006
砂浆、混凝土防水剂	JC/T 474—2008
混凝土防冻剂	JC/T 475—2004
喷射混凝土用速凝剂	JC/T 477—2005
石灰石硅酸盐水泥	JC/T 600—2010
磷渣硅酸盐水泥	JC/T 740—2006
耐碱玻璃纤维网格布	JC/T 841—2007
彩色硅酸盐水泥	JC/T870—2012
玻璃纤维短切原丝	JC/T 896—2002
水泥混凝土养护剂	JC/T 901—2002
泡沫混凝土用泡沫剂	JC/T 2199—2013
快凝快硬硫铝酸盐水泥	JC/T2282—2014
砂浆、混凝土减缩剂	JC/T 2361—2016
用于水泥中的钢渣	YB/T 022—2008
钢渣化学分析方法	YB/T 140—2009
混凝土用钢纤维	YB/T 151—1999
用于水泥和混凝土中的硅锰渣粉	YB/T 4229—2010
用于水泥和混凝土中的锂渣粉	YB/T 4230—2010
用于水泥和混凝土中的铁尾矿粉	YB/T 4561—2016
公路工程 聚羧酸系高性能减水剂	JT/T 769—2009

参考文献

[1]袁润章.胶凝材料学[M].2版.武汉:武汉理工大学出版社,1996.

[2]林宗寿.胶凝材料学[M].武汉:武汉理工大学出版社,2014.

[3]重庆建筑工程学院,南京工学院.混凝土学[M].北京:中国建筑工业出版社,1981.

[4]吴中伟,廉慧珍.高性能混凝土[M].北京:中国铁道出版社,1999.

[5]POPOVICS S.新拌混凝土[M].北京:中国建筑工业出版社,1990.

[6]内维尔.混凝土性能[M].北京:中国建筑工业出版社,2011.

[7]谢依金.水泥混凝土结构与性能[M].胡春芝,等译.北京:中国建筑工业出版社,1984.

[8]SIDNEY MINDESS.混凝土[M].吴科如,等译.北京:化学工业出版社,2005.

[9]MEHTA P K,MONTEIRO P J.混凝土微观结构、性能和材料[M].4版.北京:中国建筑工业出版社,2016.

[10]游宝坤,李乃珍.膨胀剂及其补偿收缩混凝土[M].北京:中国建材工业出版社,2005.

[11]王培铭.商品砂浆[M].北京:化学工业出版社,2008.

[12]胡曙光.轻集料混凝土[M].北京:化学工业出版社,2006.

[13]汪澜.水泥混凝土组成性能应用[M].北京:中国建材工业出版社,2005.

[14]苏达根.水泥与混凝土工艺[M].北京:化学工业出版社,2005.

[15]姚燕,王玲,田培.高性能混凝土[M].北京:化学工业出版社,2006.

[16]文梓芸.混凝土工程与技术[M].武汉:武汉理工大学出版社,2004.

[17]洪雷.混凝土性能及新型混凝土技术[M].大连:大连理工大学出版社,2005.

[18]葛新亚.混凝土材料技术[M].北京:化学工业出版社,2006.

[19]张巨松.混凝土学[M].2版.哈尔滨:哈尔滨工业大学出版社,2018.